아인슈타인을 사로잡은 **과학 이야기책**

아인슈타인을 사로잡은 **과학 이야기책**

초판 발행 2023년 01월 20일

지은이 | 아론 번스타인
옮긴이 | 권혁
발행인 | 권오현

펴낸곳 | 돋을새김
주소 | 경기도 고양시 일산동구 하늘마을로 57-9 301호 (중산동, K시티빌딩)
전화 | 031-977-1854 팩스 | 031-976-1856
홈페이지 | http://blog.naver.com/doduls 전자우편 | doduls@naver.com
등록 | 1997.12.15. 제300-1997-140호
인쇄 | 금강인쇄(주)(031-943-0082)

ISBN 978-89-6167-331-0 (03400)
Korean Translation Copyright ⓒ 2022, 권혁

값 13,000원

아인슈타인을 사로잡은 **과학 이야기책**

아론 번스타인 | 권혁 옮김

돋을새김

지혜는 학교 교육의 산물이 아니라,

지혜를 얻으려는 평생의 시도 끝에 만들어지는 것이다.

— 알베르트 아인슈타인, 1954

아인슈타인을 사로잡은
아론 번스타인의 대중과학서

아인슈타인이 과학에 관심을 갖게 된 데에는 어린 시절의 멘토들 중의 한 명인 막스 탈무드(Max Talmud 1869~1941)의 영향이 컸다. 유대인 공동체의 주선으로 1889년 늦은 가을부터 아인슈타인의 집에서 함께 생활하게 된 가난한 의과대학 학생이었던 그는 어린 아인슈타인을 철학적 사고의 세계로 들어서도록 이끈 사람이었다.

그는 아인슈타인의 집을 방문하던 시절을 이렇게 회고했다.

"1889~1890년 겨울 초입에 뮌헨의 의과대학에 입학하고 얼마 지나지 않아, 나는 평온하고 즐거운 아인슈타인의 가정을 소개받았다. 예쁜 검정 머리카락과 갈색 눈의 소년 알베르트는 당시에 루이트폴트 김나지움의 3학년이었다. 비록 내가 열한 살이 더 많았지만 우리들은 금세 긴밀한 우정을 쌓게 되었다. 알베르트는 자기 나이또래 어린이들의 이해력을 뛰어넘는 주제들에 대해 대학 졸업생과 대화를 나눌 수 있을 정도였기 때문이었다. 알베르트는 물리학을 특히 좋아했으며 물리적 현상들에 대해 이야기하는 것을 즐거워했다. 그래서 나는 아론 번스타인

막스 탈무드(Max Talmud 1869~1941)

(Aaron Bernstein 1812~1884)의 《과학 이야기책(Popular Books on Natural Science)》과 루드비히 뷔히너(Ludwig Buchner)의 《힘과 물질(Force and matter)》을 추천해주었다."(1932, 막스 탈무드)

그가 추천해준 책들은 모두 아인슈타인에게 깊은 인상을 남겼다.

《과학 이야기책》의 저자인 아론 번스타인은 단치히 출신의 유대 신학자이며 저술가 그리고 정치인이었지만 과학의 대중화로 명성을 쌓은 사람이었다. 그는 프랑스 혁명 이후 유럽을 뒤흔들었던 1848년 민주주의 혁명의 지지자였으며, 혁명이 실패로 끝난 후 과학의 대중화를 통해 진보와 민주주의를 널리 퍼뜨리려고 했다. 그의 책들은 독자들에게 당시 자연과학의 상태에 대해 매혹적으로 서술하며 백과사전식 개관을 제공하는 것이었다.

아인슈타인 평전의 저자인 안톤 라이저(Anton Reiser)는 번스타인의 책에 대해 "당시 매우 인기가 높았던 21권으로 발행된 이 작은 책자들은 어린이가 이해할 정도의 내용으로 자연을 소개하는 화려하고 아름다운 일종의 도감이었다. 번스타인의 책들에는 이론 물리학이 그리 많이 포함되어 있지는 않다. 과학의 경이로움을 보여주며, 기술적인 혁신과 과학의 적용을 강조하는 책이었다. 또한 행성과 혜성의 발견에 대한 새로

아론 번스타인   독일어판 표지

운 전망, 지구과학 그리고 다윈의 이론 등을 소개했다. 번스타인의 책들
은 어린이들과 일반인들이 곤혹스러워하는 문제들에 대해 과학적인 답
변을 제공하며, 종종 가상의 환상적인 이야기를 활용하여 설명한다."고
소개한다.(안톤 라이저,〈알베르트 아인슈타인 평전〉1930)

　이러한 독서는 아인슈타인에게 폭넓은 지식을 제공했다. 전문지식인
의 좁은 안목으로부터 벗어나 철학적이며 정치적인 함의와 더불어 과학
의 국제적인 정신과 친숙해지도록 해주었다. 당시까지 풀지 못하고 있
던 과학적 수수께끼들을 강조하는 번스타인의 책을 읽는 것은 소년의
관심을 미래의 혁명적인 논문들로 이끌었던 문제들에 집중하도록 했다.
이 책들은 가벼운 독서나 과학입문 강좌보다 훨씬 더 큰 역할을 했다.
실질적으로 어린 아인슈타인에게 전문 지식인들이 간과하거나 무시했
던 과학의 분리된 분야들 사이의 연결성을 중요하게 여기는 지식의 개
관을 갖도록 이끌었다.
　예를 들어, 그 책들을 통해 아인슈타인은 당시까지는 단순하게 필요
한 가설로서 다루어지고 있던 원자들의 진정한 존재에 대한 증거를 찾
으려는 야망을 품게 되었다. 사실 원자론의 실체는 어느 한 가지 발견에

의해 확립된 것이 아니라, 화학, 물리학, 광학, 유체역학 그리고 다른 많은 분야들에서 축적된 지식의 다양한 갈래를 통합하는 것으로 확립된 것이다. 번스타인의 책은 그런 새로운 도전을 열성적인 어린 독자들이 해결할 수 있는 유망한 수수께끼라고 표현했다.

번스타인의 경계를 뛰어넘는 태도는 과학의 세계에 대한 지침을 제공했을 뿐만 아니라, 과학석인 선해의 확장을 통해 정치적인 관계의 편협함을 지적하는데 활용되었다.

번스타인의 책에 소개된 아인슈타인 시대의 자연과학의 전체상은 수많은 전문 분야들의 개념적인 통일을 이룰 것이라는 희망과 연결되어 있다. 그런 독서를 출발점으로 삼아 아인슈타인은 전혀 다른 물리학에 대한 자신만의 견해를 발전시켰다. 각자가 연구 중인 특별한 주제들 사이의 연결성에 대한 전망이 부족했던 물리학 동료들과는 전혀 다른 접근법이었다.

또한 이런 독서를 통해 과학은 어린 아인슈타인의 인생행로를 결정하는 지침이 되었다. 세속적인 희망과 야망의 허무함에서 벗어날 수 있다고 약속하는 종교를 과학으로 대체하게 되었던 것이다.

"꽤나 조숙한 어린이였을 때 나는 대부분의 사람들이 온생애를 바쳐 끊임없이 추구하는 희망과 노력의 무익함에 완전히 공감하게 되었다. 첫 번째 탈출구는 전통적인 교육기관을 통해 모든 어린이에게 주입되는 종교였다. 그래서 나는 비록 전혀 비종교적인 부모의 자식이었지만 깊게 종교에 빠져들었다. 하지만 열두 살에 갑작스럽게 종교와 멀어지게 되었다. 대중적인 과학서적들을 읽으면서 나는 곧 성서의 많은 이야기들이 진실이 아닐 수도 있다는 확신에 도달하게 되었다. 그 결과는 적극적으로 열광적인 자유사상에 탐닉하는 것이었으며, 그것은 압도적인 인상을 심어주었다. 모든 종류의 권위에 대한 불신은 그때의 경험을 통해 자라났고, 모든 특정한 사회 환경에서 넘쳐나던 확신들을 향한 회의적인 태도가 자라났다. 비록 나중에는 인과적인 연결에 대한 더 나은 성찰을 통해 조절되었지만, 나를 절대로 떠나지 않았던 태도였다. (1992년, 아인슈타인)

번스타인의 과학대중서들은 과학을 지극히 인간적인 계획으로서 바라보고 참여할 수 있도록 해주었다. 구획으로 나누어진 당대의 학계와는 상반되게 번스타인은 과학 분야들은 물론 과학과 인생 사이에도 명확한 한계는 긋지 않았던 것이다.

67세가 된 아인슈타인은 여전히 그때의 예리한 교육적 경험을 기억하고 있었다.

"12~16살 무렵에 나는 미적분과 더불어 수학의 원리들에 익숙해 있었다. 논리적인 정합성에 지나치게 매달리지 않는 대신 주된 생각들을 명확하고 개관적으로 두드러지게 드러나도록 집필된 책들을 읽을 수 있는 행운을 누렸다. 또한 자연과학의 모든 분야에서 이루어진 가장 중요한 성과들과 그 방법론을 알게 되는 행운도 누렸다. 나는 그 책들을 숨도 쉬지 못할 만큼 집중해서 읽었다."

■ 차례

들어가는 말 • 5

제1부

지구의 무게

제1장 지구의 무게는 얼마나 될까? • 20

제2장 지구의 무게를 측정하기 위한 시도 • 23

제3장 지구의 무게를 측정하기 위한 실험은 어떻게 했을까? • 26

제2부

속도

제1장 자연의 속도들 • 32

제2장 전류의 속도를 확인하는 방법 • 35

제3부

영양공급

제1장 모유는 모유일뿐이라고? • 40

제2장 인간은 음식이 변형된 것이다 • 43

제3장 우리는 얼마나 이상한 음식을 먹는 것일까? • 46

제4장 자연은 우리의 음식을 어떻게 준비해 놓았을까? • 50

제5장 어린이의 몸속으로 들어간 어머니의 모유는 무엇으로 변하는

   것일까? • 53

제6장 혈액은 어떻게 우리 몸의 생명 유지에 필요한 일부가 되는 것일까? • 56

제7장 물질의 순환 • 59

제8장 음식 • 62

제9장 영양에 대하여 • 65

제4부

빛과 거리

제1장 조명에 대하여 • 70

제2장 태양에 의한 행성들의 조명 • 73

제5부
천문학의 불가사의들

제1장 엄청난 발견 • 78

제2장 르베리에의 발견을 뒷받침하는 것들 • 81

제3장 위대한 발견 • 84

제6부
기상학

제1장 기후에 대한 것들 • 90

제2장 여름과 겨울의 기후에 대해 • 93

제3장 대기의 흐름과 기후 • 97

제4장 기상학의 변치 않는 규칙들 • 100

제5장 날씨와 관련된 공기와 물 • 104

제6장 안개, 구름, 비 그리고 눈 • 107

제7장 열은 어떻게 공기 속에 숨어 있게 되며, 어떻게 다시

　　　 자유로워지는가 • 110

제8장 숨어 있는 열이 냉기를 만들어낸다 • 113

제9장 날씨와 관련된 법칙들 그리고 동일한 장애물들 • 116

제10장 지리학적 위치과 관련된 변덕스러운 날씨 • 119

제11장 날씨 예측의 어려움과 가능성 • 122

제7부

우리의 음식물들

제1장 혈액의 빠른 재생이 중요하다 • 126

제2장 소화 • 129

제3장 커피 • 132

제4장 커피가 약이 될 수 있을까? • 135

제5장 커피의 유익함과 해로움 • 138

제6장 아침식사 • 141

제7장 술 • 145

제8장 하루 중 제일 중요한 식사 • 151

제9장 다양한 음식의 필요성 • 154

제10장 고깃국 • 157

제11장 국에 넣기에 가장 좋은 재료는 무엇일까? • 160

제12장 콩과의 채소 • 162

제13장 고기와 채소 • 164

제14장 식사 후에 잠깐 자는 잠 • 167

제15장 물 • 170

제16장 저녁식사 • 173

인간은 무엇보다 진리를 추구하고 연구한다는 점에서 독특하다. 그래서 꼭 해야 할 일과 걱정거리에서 벗어나게 되면 기꺼이 보고, 듣고, 소통하면서 올바른 행위와 인생의 행복에 필요한 놀랍고도 심원한 지식을 두루두루 고찰한다. 그러므로 참되고, 단순하고, 명백한 것이라면 무엇이든 인간인 우리의 본성과 가장 일치한다는 것은 분명하다. 진실을 확인하고 알기 위한 진지한 열망은 당당하고 기품 높은 정서와 긴밀하게 결합되어 있다. 그래서 자연스럽게 잘 갖추어진 정신은 교훈이나 신조를 분명히 나타내는 사람 외의 누구에게도 굴복하는 것을 허용하지 않는다. 동시에 정의롭고 합법적이며 유용성에 기초한 명령 외에는 복종하지 않도록 한다. 이런 원천으로부터 정신의 위대함이 솟아나고, 세속적인 이익과 고통을 경멸하는 마음이 싹트게 되는 것이다.

— 키케로의 〈의무론〉 중에서

제1부

지구의 무게

제1장
지구의 무게는 얼마나 될까?

과학자들은 종종 평범한 사람들의 눈에는 인간의 지적능력을 벗어나는 것처럼 보이는 문제들을 고찰하고 연구해왔다.

"지구 전체의 무게는 얼마나 될까?"

이 질문 역시 그런 문제들 중의 한 가지였을 것이다.

사실, 이 질문에는 대답하기 쉽다고 생각할 수도 있다. 아무렇게나 대답한다 한들 지구의 무게를 확인하겠다고 저울을 찾아 나설 사람은 아무도 없을 것이라고 믿기 때문이다. 하지만 이 질문은 전혀 터무니없는 소리가 아니며, 이 질문에 대한 답변 역시 막연히 추측해낸 것이 아니다. 오히려 질문과 답변 모두 객관적인 과학의 결과물이다.

질문 자체가 중요한 것이므로, 우리가 제시할 수 있는 답변 역시 정확해야 하는 것이다.

무엇보다 먼저, 지구의 크기를 알고 있다면 그 무게를 측정하는데 아무런 어려움도 없을 것이다. 지구의 크기를 알기 위해선 먼저 정확하게 무게를 측정할 수 있는 지구 모양의 작은 공을 만들 필요가 있다. 그 후에 지구가 이 작은 공보다 몇 배나 더 큰지를 쉽게 계산해낼 수 있을 것이다. 그렇게 하면 우리는 손쉽게 — 만약 그 지구와 비슷한 작은 공의 무게를 100이라고 가정한다면 — 지구 전체는 그보다 몇 배 정도 더 크므로 100×몇 배의 무게라고 대답할 수 있을 것이다.

하지만 이런 과정은 잘못된 결과를 만들어내기 쉽다. 모든 것이 작은 공을 구성하고 있는 물질에 따라 달라질 것이기 때문이다. 만약 그 공이 푸석푸석한 흙으로 구성되어 있다면 무게는 가벼울 것이며, 암석이 섞여 있다면 조금 더 무거울 것이다. 반면에 금속으로 채워져 있다면 그 금속의 종류에 따라 더 무거워질 것이다.

그러므로 그 작은 공의 무게를 기준으로 지구의 무게를 결정하기로 했다면, 우선 지구가 무엇으로 구성되어 있는지를 알아야 한다. 암석이나 금속 또는 전혀 미지의 물질로 구성되어 있는지의 여부를 알아야만 하는 것이다. 또한 속이 텅 빈 구멍들이 있다거나 실제로는 지구 전체가 속이 비어 있는 둥근 물체이고 우리가 그 표면에 살고 있는 것이어서 두꺼운 껍질을 파고 내려가면 그 내부에 있는 다른 세상에 도달할 수 있을 수 있을지의 여부도 알아야 한다.

이렇게, 잠시 동안의 사고실험(思考實驗)을 통해 '우리 지구의 무게는 얼마나 될까?'라는 질문이 지구를 구성하고 있는 물질의 성질에 관한 연구로 이어지게 된다는 것을 쉽게 알 수 있다. 어쨌든, 이것은 과학적인 특성을 띠고 있는 질문이다.

이 문제는 얼마 전에 해결되었다.

그 결과는 지구의 무게가 $6 \times 10^{24} \text{kg}$*(현재 인공위성의 궤도를 측정하여 얻어낸 정밀한 지구의 무게는 5.972×10^{24}kg이다)이라는 것이었다. 지구는 대체로 철보다 약간 무거운 물질로 구성되어 있으며, 표면 쪽에는 좀 더 가벼운 물질들이 포함되어 있고, 중심으로 다가갈수록 점점 더 밀도가 높아지며, 비록 표면 가까이에는 구멍들이 많지만 속이 텅 빈 구체는 아니라는 것이었다.

이것을 과학적으로 연구할 수 있었던 방법에 대해 이제부터 최대한 쉽고 간략하게 설명해보기로 하자.

제2장

지구의 무게를 측정하기 위한 시도

어떤 방법으로 지구의 무게를 측정할 수 있었을까? 그것을 설명하기 위해선 먼저 지구를 구성하고 있는 요소들을 제대로 알고 있어야 한다. 그 방법은 당시에 생각했던 것보다는 쉬웠지만 실제로 적용해보는 것은 처음에 상상했던 것보다 훨씬 더 어려웠다.

뉴턴의 위대한 발견 이후 모든 천체는 서로 끌어당기며, 크기가 클수록 이러한 인력(引力)이 더 세다는 것을 알게 되었다. 태양, 지구, 달, 행성 그리고 항성과 같은 천체들뿐만 아니라 모든 물체는 끌어당기는 힘을 갖고 있다. 그리고 이 인력은 물체의 질량이 늘어나는 것에 정비례하여 늘어난다. 이것을 명확하게 이해하기 위해 예를 들어 설명해보자.

무게가 100g인 철은 근처에 있는 작은 물체를 끌어당기며, 200g인 철은 정확히 두 배의 힘으로 끌어당긴다. 다시 말해, 어떤 물체의 무게가 무거울수록 그 근처에 있는 물체들에 작용하는 인력이 더욱 세지는 것이다. 따라서 어떤 물체의 인력을 알고 있다면, 그것의 무게도 알고 있는 것이 된다. 뿐만 아니라, 모든 물체의 인력을 정확하게 측정할 수만 있다면, 이 세상에 있는 온갖 종류의 저울을 사용하지 않고도 무게를 알 수 있다.

하지만 이 방법을 실제로 적용할 수는 없었다. 지구는 질량이 너무 크며, 그로 인해 인력이 너무 세기 때문에 우리가 다른 물체를 끌어당기도록 시도하는 모든 물체를 지구 쪽으로 끌어내린다. 그러므로 커다란 물체로 작은 물체를 끌어당기도록 하기 위해 아주 커다란 쇠공의 근처에 작은 쇠공을 놓아두려고 하면, 이 작은 쇠공은 우리의 손을 떠나자마자 지구 위로 떨어지게 된다. 지구의 인력이 그 커다란 쇠공의 인력보다 엄청나게 세기 때문이다. 인력이 너무 세기 때문에 쇠공의 인력은 알아차릴 수조차 없는 것이다.

하지만 물리학은 지구의 인력을 정확하게 측정하는 방법을 알려준다. 지구의 인력은 매우 단순한 기구 즉, 벽걸이시계에 사용되는 것과 똑같은 진자(振子)를 이용해 측정할 수 있다. 진자가 멈춰 있는 상태, 즉, 지구에 가장 가까운 상태가 방해를 받게 되면 진자는 일정한 속도로 빠르게 정지점(靜止點, resting-point)으로 돌아가려고 한다.

하지만 일단 움직이기 시작하면 어떤 힘이 작용하지 않고는 멈출 수 없기 때문에 진자는 지구로부터 멀어지지만, 그와 동시에 지구의 인력이 진자를 본래 위치로 되돌려놓으려 하므로 똑같은 경로로 다시 나아가게 된다. 그러므로 만약 지구의 질량이 늘어난다면 진자의 속도는 점점 빨라지면서 흔들리게 되고, 지구의 질량이 감소한다면 속도는 느려지게 된다. 이 진자의 속도는 하루에 일어나는 진동수를 집계하는 것으로 아주 정확하게 측정될 수 있기 때문에, 지구의 인력도 정확하게 계산할 수 있게 되는 것이다.

이런 기구를 만들면 진자가 특정한 질량에 끌어당겨지면서 이리저리 움직이게 되므로 그 즉시 지구의 정확한 무게를 알아낼 수 있다. 100g의 공을 진자 근처에 놓았다고 가정해보자. 그러면 이 공의 무게가 지구보다 몇 배나 더 가벼운지에 따라 진자는 그 공에 의해 그 배수만큼 느리게 움직이게 될 것이다.

실험은 이런 방식으로 진행되어 원했던 결과를 얻게 되었다. 하지만 이 실험이 그다지 쉬운 것은 아니었다. 그러므로 다음 장에서는 이 흥미진진한 실험에 대해 보다 상세하게 알아보기로 하자.

제3장
지구의 무게를 측정하기 위한 실험은
어떻게 했을까?

영국의 물리학자 캐번디시(Henry Cavendish 1731~1810)는 커다란 물체의 인력을 결정하기 위한 최초의 시도를 성공적으로 해냈다. 그가 가장 먼저 신경 썼던 것은 지구의 인력이 자신의 실험에 아무 영향도 끼치지 못하도록 만드는 것이었다. 그는 다음과 같은 방식을 적용했다.

수직의 가느다란 쇠막대 끝에 얇은 강철막대를 수평으로 설치해 나침반 상자 속의 자침(磁針)처럼 방향이 좌우로 돌아갈 수 있도록 했다. 그후 작은 금속 공을 강철막대의 양 끝에 매달았다. 공들의 무게는 똑같기 때문에 강철막대의 양쪽 끝은 모두 지구로부터 똑같은 힘으로 당겨진다. 양쪽에 똑같은 무게가 가해지므로 저울의 평균대처럼 수평을 유지하게 된다. 이렇게 한다 해도 실제로는 지구의 인력이 멈추는 것은 아니지만 균등한 무게에 의해 균형을 유지하게 된다. 그래서 그가 설계한 기구의 간섭으로 인해 지구의 인력은 아무런 영향도 끼치지 않게 되는 것이다.

다음으로 그는 두 개의 크고 대단히 무거운 금속 공들을 강철막대의 양쪽에 위치시킨 후 전혀 건드리지 않았다. 그 커다란 공들의 인력이 영향을 끼치기 시작하자 작은 공들이 커다란 공들에 가깝게 끌려왔다. 그 때 관찰자가 그 작은 공들을 부드럽게 밀어 정지점에서 벗어나도록 하면 커다란 공들이 그것들을 다시 끌어당긴다는 것을 확인할 수 있다.

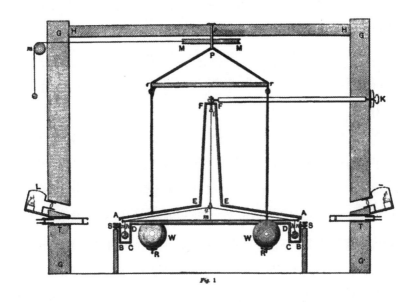

Fig. 1

*캐번디시 실험으로 알려진 이 지구 밀도 측정 실험에서 캐번디시가 사용한 기구는 막대기 양쪽에 둥근 납공을 실로 매달아놓은 비틀림저울(torsion balance)이었다. 이 저울은 영국 지질학자 존 미첼(John Mitchell)이 1795년에 고안한 장치를 약간 수정한 것이었다. 이 저울로 지구의 밀도를 측정하려던 미첼이 사망한 후 저울은 캐번디시에게 보내졌고, 캐번디시는 1797~1798년에 실험을 완료하고 결과를 발표했다.

실험에 사용된 장치는 막대의 양 끝에 매달린 2개의 커다란 고정식 납공(158kg)에 각각 2개의 작은 납공(0.73kg)이 매달린 비틀림 저울이었다. 이 저울은 수평 방향으로만 회전한다. 막대의 한쪽 끝에 다른 공을 가까이 대면 중력에 의해 서로 끌어당기게 되고 막대가 미세하게 회전한 각도를 측정하여 이 힘을 알아낼 수 있다.

그러나 일단 움직이기 시작하면 작은 공들은 멈출 수 없으므로 정지점을 넘어가게 되고, 지구의 인력으로 인해 흔들리는 시계추와 동일한 방식으로 커다란 공들 근처에서 흔들리기 시작한다. 물론 이 힘은 지구의 인력과 비교하면 지극히 미약한 것이다. 그래서 이 진자의 진동은 일반적인 것들보다 훨씬 느릴 수밖에 없다. 캐번디시는 이 느린 진동 또는 하루 동안의 많지 않은 진동 횟수로부터 실질적인 지구의 무게를 계산해냈다.

하지만 이런 종류의 실험은 언제나 특별한 어려움들을 겪게 된다. 온도의 변화로 인한 강철막대의 미세한 팽창 또는 금속공들의 고르지 않은 팽창과 수축은 실험 결과를 손상시키게 된다. 게다가 이 실험은 사방이 무게가 동일한 물질로 둘러싸인 방 안에서 실시되어야만 한다. 더 나아가 인력에 영향을 끼쳐 방해가 되지 않도록 관찰자가 가까운 곳에 있어서는 안 된다. 마지막으로 진자를 교란시키지 않도록 주변의 대기는 움직임이 없어야만 하며, 공들의 크기와 무게를 정확히 측정하고 둥근 형태가 최대한 완벽해야 할 필요가 있다. 또한 공들의 중력 중심이 크기의 중심이 되도록 세심하게 주의를 기울여야만 한다.

이런 모든 어려움들을 해결하기 위해 유별난 예방책이 필요했으며 특별한 경비를 지출해야 했다. 프라이베르크의 과학자인 페르디난트 라이히(Reich)는 이러한 장애물들을 제거하기 위해 끝없는 노력을 기울여야 했다.* 그런 그의 관측과 계산 덕분에 지금 우리에게 그 결과가 전달될 수 있었다. 즉, 지구 전체의 질량은 동일한 크기의 물로 된 공의 약 5.5

배라는 것이었다. 과학용어로 표현하자면, 지구의 평균밀도는 물의 밀도보다 거의 5.5배가 높다는 것이었다. 이 결과로부터 지구의 물질은 중심에 가까울수록 밀도가 점점 더 높아지므로 당연하게도 지구는 속이 비어 있는 구체일 수 없다는 것도 알게 되었다.

---

*가능성이 있는 복잡한 모든 요소들을 검토해본 후 캐번디시는 왕립학회에 '지구의 밀도를 결정하기 위한 실험'이라는 제목으로 실험결과를 최종적으로 알렸다.
그는 지구의 밀도는 물의 밀도의 5.48배라고 했다. (현재 인정된 값은 5.52배)
캐번디시의 실험 목적이 중력상수(G)를 결정하기 위한 것이라고 설명하는 책들이 적지 않다. 사실 그의 유일한 목표는 지구의 밀도 측정이었으며, 이것을 '세상의 무게를 재는' 일이라고 불렀다.
중력상수는 캐번디시의 논문에는 등장하지 않는다. 중력상수에 대한 첫 번째 언급은 캐번디시의 논문 이후 75년이 지난 1873년에 등장했다.

헨리 캐번디시

제2부

속도

제1장

자연의 속도들

옛날에는 '공간을 가로지르는 빛의 속도'라고 말하면, 대부분의 사람들은 그 말이 과학적인 허풍이거나 신화일 뿐이라고 생각했다. 하지만 지금은 일상에서 전자기기에 흐르는 전류의 속도를 체감할 수 있으며, 누구나 자연에는 거의 알아차리지 못할 정도의 속도로 공간을 가로지르는 힘이 있다는 사실을 굳게 믿고 있다.

길이가 1km인 전선의 한쪽 끝에서 전기를 공급하면 그 즉시 다른 한쪽 끝으로 전달된다. 이와 비슷한 일들은 누구나 직접 확인할 수 있다. 제아무리 심각한 회의론자일지라도 한쪽 끝에서 전기가 통하는 전선의 그런 변화 또는 '전기력(電氣力)'이 마치 1km가 1cm인 것처럼 눈 깜빡할 사이에 전달된다는 것을 명확히 확인할 수 있다.

우리는 이런 관찰 결과로부터 더 많은 것을 알게 되었다. 전기력이 전달되는 속도는 무척 빠르므로 만약 뉴욕에서 세인트루이스로 연결된 전선의 한쪽 끝에 전기가 공급되면 전류는 동시에 다른 끝에서 나타나게 된다. 이것으로부터 전기력은 거의 알아차리지 못하는 시간 내에 이동한다는 것을 알 수 있다. 달리 말하자면, 단 1cm를 이동하는 지극히 짧은 순간에 똑같이 1천km를 이동한다는 것이다. 또한 우리는 경험을 통해 더 많은 것을 알게 되었다. 전선으로 연결된 거리가 제아무리 멀어도 전기가 그 거리를 이동하는데 필요한 시간은 지극히 짧다는 것이다. 그러므로 전기의 통과시간은 '지극히 짧은 순간'이라고 말할 수 있다.

심지어 전기가 실제로 '통과해' 가는 것이 아니라고까지 믿게 될 수도 있을 정도이다. 다시 말해, 전선의 한쪽 끝에서 다른 쪽 끝으로 이런 효과가 전달되는 데에는 전혀 시간이 필요하지 않으며 마치 마법을 부린 것처럼 동시에 발생한다고 믿을 수도 있는 것이다. 하지만 실제로는 그렇지 않다.

전기력의 속도를 측정하기 위한 독창적인 실험들이 실시되었다. 이제는 전기력이 한 장소에서 다른 장소로 이동하는데 필요한 실제 시간이 명확하게 입증되어 있다.

이 시간을 우리가 알아차릴 수 없는 이유는 전신기에 연결되어 있는 거리가 너무 짧아서 전류가 한쪽 끝에서 다른 쪽 끝까지 전달되는데 걸리는 시간을 측정하기 어렵다는 것이었다. 실제로, 지구 전체를 전선으로 둘러싼다 해도 일반적인 관찰을 하기에는 여전히 너무 짧다. 전기력은 거의 약 3만km에 이르는 거리를 10분의 1초에 통과하기 때문이다.

독창적인 실험들을 통해 전류가 1초에 30만km를 이동한다는 것을 증명했다.* 하지만 이것을 어떻게 확인할 수 있었던 것일까? 그리고 과연 그 결과가 믿을 만하다고 확신할 수는 있을까?

*(전류의 개념은 1800년에 볼타 전지가 개발되면서 정립되었으며, 그 후 약 100년이 지난 1987년에 전자의 흐름이 발견되었다. 1800년대의 과학자들은 전류의 흐름이 전자의 흐름이라는 것을 모르고 있었다.)

이 측정값은 대단히 정확하게 얻어진 것이다. 비록 몇 마디 말로 완벽하게 설명하기는 무척 어렵겠지만, 잠깐 생각해보는 것을 두려워하지 않는 사람들을 위해 이 측정이 이루어졌던 방법을 알아보기로 하자.

제2장
전류의 속도를 확인하는 방법

실제로 전류의 속도를 측정하는 방법을 설명하려면 다음과 같은 것들을 먼저 소개해야 한다.

전기 기계를 이용해 전선에 자기를 띠도록 할 때마다, 전선이 기계에 닿는 그 순간 전선의 끝에서 선명한 스파크를 보게 된다. 만약 다른 기구에 닿게 하면 그와 똑같은 스파크를 전선의 반대편 끝에서도 보게 된다. 첫 번째 스파크를 '입구 스파크'라 부르고 다른 것을 '출구 스파크'라 부르기로 하자. 만약 몇 마일 길이의 전선을 늘어놓으면서 그 끝을 전선의 시작 지점으로 다시 끌고 온다면 관찰자는 두 개의 스파크를 보게 될 것이다.

전선의 한쪽 끝에서 다른 쪽 끝까지 전류가 이동하는 시간이 필요하기 때문에, 입구 스파크가 나타난 한참 후에 출구 스파크가 나타날 것이 분명하다. 하지만 출구 스파크가 실제로 나중에 나타나는지를 보기 위해 온갖 노력을 해도 인간의 눈으로는 그 차이를 알아차릴 수 없다. 그 원인들 중의 하나는 망막에 전달된 인상이 오래 지속되기 때문이다. 그로 인해 실제로 우리가 보는 것보다 대상들을 훨씬 더 오래 보고 있다고 믿게 된다. 다른 한 가지는 입구 스파크에 이어 나타나는 출구 스파크의 엄청난 속도 때문이다. 이러한 두 가지 원인으로 인해 우리는 두 가지 스파크가 동시에 나타난다고 믿게 되기 쉽다.

하지만 독창적이며 뛰어난 방법으로 우리 눈의 이런 결점을 크게 줄일 수 있다. 이 실험에 대한 설명은 주의 깊게 읽어볼 가치가 충분하다. 이 실험에 적용된 뛰어난 방법은 독자들을 만족시킬 것이기 때문이다.

전류의 속도를 측정하기 위해 아주 긴 전선의 양쪽 끝을 위 아래로 위치시킨다. 이제 육안으로 관찰하려고 하면, 양쪽의 스파크는 콜론에 있는 두 개의 점처럼(:) 수직선상에서 확인하게 될 것이다.

하지만 전류의 속도를 확인하려는 사람은 육안으로 확인하는 대신 수직축으로 대단히 빠른 속도로 회전하도록 제작된 작은 반사경을 통해 확인하게 된다. 그렇게 해서 그는 반사경에서 두 가지 스파크를 볼 수 있다. 그 기구가 잘 만들어졌다면, 반사경의 도움으로 보게 되는 스파크들은 수직선에 위 아래로 있지 않고 비스듬하게 (. ·) 나타나게 된다.

왜 이렇게 나타나는 것일까?

그 이유는 입구 스파크가 나타난 후에 출구 스파크가 나타나기 전까지 짧은 시간이 걸리는데. 이 짧은 시간 동안 비록 대단히 미미하지만 반사경이 움직이게 되며 출구 스파크는 마치 입구 스파크로부터 약간 떨어져 있는 것처럼 보이게 된다.

이렇게 해서 전기가 전선을 순환하는데 필요한 시간은 반사경의 움직임을 통해 확인할 수 있다. 다음의 세 가지 사항들을 알고 있다면 즉시 그 시간을 정확하게 계산할 수 있다. 즉, 전선의 길이와 반사경이 회전하는 속도 그리고 반사경에 보이는 두 가지 스파크의 각거리(角距離)를 알면 된다.

전선의 길이가 1,000km이고, 반사경은 1초에 100,000번 회전한다고 가정해보자. 이제, 반사경이 한 번 공전하는 동안 전류가 1,000km 길이의 전선을 통과한다면, 전류는 100분의 1초에 1,000km 또는 1초에 100,000km을 이동해야만 한다.

하지만 전류가 1,000km 길이의 전선을 지나가는 동안 반사경이 완벽한 원 또는 360도로 회전하지 않았으며, 거의 144도에 가깝게 돌았다는 것을 확인하게 된다. 그러므로 전류는 1초에 100,000km 이상을 이동하는 것이다. 얼마나 더 많이 이동하는 것일까? 144도는 360도 내에 포함되므로 100,000km보다 2.5배 더 빨리 이동한다. 그러므로 전류는 1초에 250,000km를 이동한 것이 된다.*

(*현재 진공상태의 빛의 속도:1초에 30만km)

제3부

영양공급

제1장
모유는 모유일 뿐이라고?

　똑똑하지만 경험이 전혀 없어서 젖먹이가 자라나 성인이 된다는 사실을 모르는 사람이 있다고 가정해보자. 그리고 그 사람에게 이런 이야기를 들려준다면 어떻게 반응하게 될지 상상해보자.

　"여기 있는 조그만 아이는 젖먹이예요. 즉, 갈수록 몸집이 점점 더 탄탄해지고 키도 더 크게 될, 자라고 있는 인간이라는 말이죠. 몸에 있는 뼈들도 더욱 단단해지고 길쭉해질 겁니다. 이런 뼈들을 움직이게 하는 근육도 점점 더 커질 거구요. 아이의 눈, 코, 귀, 입은 물론 머리, 몸 그리고 발도 모두 커질 겁니다. 이 아이가 완벽한 성인이 될 때까지 이 작은 신체를 구성하는 여러 부분들이 점점 더 발달하게 될 겁니다."

　이런 것들을 경험을 통해 알지 못하는 그 사람은 분명 고개를 가로저을 것이다.

　하지만 "이런 발달과 성장은 어머니의 가슴에서 모유라고 부르는 하얀 액체를 빨아먹는 것을 원천으로 합니다. 이 모유로부터 아이의 내부에서 모든 구성 요소들이 만들어지는 것입니다."라고 말한다면, 그 말을

40

듣고 있던 그 사람은 분명 코웃음을 치며 당신에게 쉽게 속아 넘어가는 바보라고 말할 것이다. 이렇게 큰소리를 칠지도 모를 일이다.

"그러니까 모유에 살이 포함되어 있다는 겁니까? 모유로 뼈나 머리카락을 만들 수 있고, 손톱이나 치아도 만들 수 있다는 거죠? 지금 나한테 모유가 눈으로 변한다고 말하고 싶은 겁니까? 그러니깐 모유로 손과 발, 뺨과 눈꺼풀 그리고 인체의 다양한 부분들을 만들어낼 수 있다고 말하고 있는 겁니까?"

그리고 이 질문에 대해, "물론이죠. 이 작은 생명체 내에는 당신이 언급하는 그 모든 것들을 만들 뿐만 아니라 그보다 더 많은 것들을 만들어내는 제작소가 있거든요. 이 기관 내에서 뼈, 머리카락, 치아, 손톱, 살, 피, 정맥, 신경, 피부, 분비액 그리고 수분이 만들어집니다. 아이의 삶에서 처음 몇 달 동안에는 이 모든 것들이 오직 모유로부터 만들어지거든요."라고 대답한다면, 그 사람은 분명 그 공장 안에 얼마나 많은 보일러와 실린더, 밸브, 전선, 쇳물 바가지, 펌프, 경첩, 핀, 디딤대, 손잡이 등이 있는지를 알고 싶어 할 것이다. 특히 그 사람은 이 훌륭한 기관의 엔진이 강철, 목재, 무쇠, 금이나 은, 또는 다이아몬드로 만들어진 것인지도 알고 싶어 할 것이다.

그 사람에게, "그런 것들은 전혀 없습니다. 당신이 그동안 보았던 모든 공장들 중에는 이것과 유사한 형태를 지니고 있는 것은 전혀 없습니다. 조금 더 말씀드리자면, 이것은 완벽한 공장도 아니고 단지 지속적으로 발달하고 있는 곳일 뿐입니다. 그리고 그 아이의 신체처럼 점점 더 커지고 무거워지고 있는 것이지요. 게다가 공장은 철이나 강철, 금이나 다이아몬드로 구성되어 있지도 않지만 매 순간마다 스스로 자라고 있습니다. 그 아이가 먹는 모유만으로 그렇게 하고 있는 것이죠." 라고 대답하면 그 사람은 분명 자신의 판단력을 의심하기 시작하면서 이렇게 한탄할 것이다.

"사랑스러운 어머니의 모유와 비교한다면, 지식인의 지성과 명민한 사람의 판단은 무엇이며, 현명한 사람의 지혜란 과연 무엇이란 말인가?"

하지만 여러분은 어머니의 모유는 결국 모유일 뿐이란 것을 잘 알고 있으며, 영양공급의 한 가지 방법일 뿐이라는 것도 잘 알고 있다. 또한 영양공급은 인체의 작용들 중의 일부분일 뿐이라는 것도 잘 알고 있다.

앞으로 몇 가지 설명을 통해 인체의 영양공급에 대해 들려주게 될 것인데, 주의 깊게 읽어주기를 바란다.

제2장
인간은 음식이 변형된 것이다

인체의 영양공급 과정을 알아보기 전에 먼저 영양공급의 의미를 정확하게 알아야 한다.

우리는 왜 음식을 먹어야만 하는 것일까?

물론 우리는 배고픔이 음식을 먹도록 한다는 것을 알고 있다. 그렇지만 무엇보다 먼저 배고픔은 어디에서 일어나는가를 알고 있어야 한다. 즉, 영양공급을 이해하기 위해 우리는 우선 배고픔 자체를 잘 알고 있어야 한다.

하지만 배고픔을 설명하기 위해선 영양공급보다는 덜 불가사의한 또 다른 것, 즉, 과학적인 언어로 '물질의 교환'이라는 것에 관심을 가져야 한다. 여러분 모두에게 잘 알려져 있는 사실이 있다. 즉, 인체 내의 그 어떤 것도 잠시라도 똑같은 상태에 머무는 것은 없으며 인체 내의 모든 부분에서는 지속적인 교환이 일어나고 있다는 사실이다.

공기는 흡입되었다가 다시 배출된다. 하지만 배출된 공기는 흡입된 공기와 다르다. 이런 과정을 거쳐 물질의 교환이 일어나게 된다. 새로운 물질이 몸 속으로 들어가고 쓸모없게 된 물질들은 밖으로 배출된다.

앞으로 조금 더 자세히 다루겠지만, 이 물질의 교환은 신체와 신체의 기능을 위해 가장 필요한 것이다. 이것은 끊임없는 변화의 주요부분을 구성하며, 이것에 의해 우리 몸의 각 부분들을 형성하고 있는 물질을 몸 밖으로 내보낸다. 그러므로 그런 손실을 보충하기 위해 새로운 물질을 받아들여야만 하는 것이다.

그래서 '인간은 끊임없이 자기 자신을 새롭게 한다'는 표현은 전혀 과장이 아니다. 실제로 우리는 매 순간마다 우리 몸의 극히 작은 조각들을 잃고 다시 받아들인다.

과학자들은 인간의 몸 전체를 재생시키는데 7년이라는 기간이 걸린다는 것을 계산하기에 이르렀으며, 이 기간이 지난 후에는 그 전에 가지고 있던 원자는 단 하나도 없다고까지 한다.

이미 살펴보았듯이 통상적인 물질 교환은 인체가 사람들이 지불한 것과 동일한 비율로 받아들이는 물물교환 장소라는 것을 전제로 한다. 하지만 인간은 종종 의도치 않게 지불하고 너무나도 큰 손실을 입기 때문에 — 단순한 호흡과정을 통해 나중에 대체해야 하는 물질을 배출하기 때문에 — 이러한 물질의 교환은 신체가 부족감을 느끼게 되는 원인이 된다.

신체가 지불을 하고 아무것도 되돌려 받지 못한다면, 그로 인한 부족감이 바로 우리가 '배고픔'이라고 부르는 것이다. 이런 배고픔이 우리가 이미 지불한 것만큼 다시 받아들이도록 강요하는 것이다.

따라서 영양공급은 지속적인 손실을 지속적으로 다시 채워 넣는 일인 것이다. 이것은 음식을 인체의 구성 물질로 변환시켜 주는 놀라운 작업이다.

주변 사람들을 보면서 그들이 단순히 음식을 먹는 존재라고 생각해서는 안된다. 오히려 그들의 피부, 머리카락, 뼈, 뇌, 살, 피, 손톱 그리고 치아 등 그 자체가 소비되고 변형된 음식일 뿐이라고 생각해야 한다.

제3장
우리는 얼마나 이상한 음식을 먹는 것일까?

앞서 설명했듯이 인간은 음식이 변형된 것일 뿐이다.

이런 생각은 우리를 깜짝 놀라게 할 것이다. 끔찍한 일일 수도 있다. 하지만 솔직하게 고백하자면 이것이 진실이다. 인간은 단지 자신이 소비한 그런 물질들로 구성되어 있을 뿐이다.

사실 인간은 자신이 먹어치운 음식일 뿐이다. 인간은 살아 있는 존재의 형태를 갖춘 음식인 것이다.

앞에서 어린이는 어머니의 모유로 살아간다고 했다. 이 말에 '어린이는 머리와 몸과 손과 발 등등으로 변화되어 살아 있게 된 어머니의 모유인 것이다.'라는 것 외의 다른 어떤 의미가 있을까?

사실, 이상하게 들리기는 하겠지만 지극히 정확한 표현이다. 이런 어머니의 모유는 인간의 외형을 갖추고 난 후, 다시 어머니의 새로운 모유를 소비하고 있는 것이며, 호흡 그리고 물질의 증발과 분비에 의해 다 써버린 모유를 몸 밖으로 내보내고 있는 것이다.

그렇기 때문에 일상적인 음식에 대한 풍부한 화학적 지식에 근거해 우리는 인체의 화학적 성분을 즉시 알 수 있으며 그 반대의 경우도 마찬가지다. 인간을 구성하고 있는 물질을 알고 있다면 그의 신체를 지속적으로 새롭게 하기 위해 어떤 종류의 음식을 섭취해야만 하는지 쉽게 결정할 수 있는 것이다.

어머니의 모유는 어린이에게 가장 단순하고 가장 자연스러운 음식이기 때문에 이제부터 모유의 중요성을 기준으로 생각해보자. 그렇게 하면 성인들의 음식과 그 효과에 대한 지식으로 나아가는 디딤돌을 마련할 수 있을 것이다.

어머니의 모유는 인간의 몸이 스스로 새롭게 할 수 있는 모든 요소들을 포함하고 있다. 그 요소들 중에서 단 한 가지라도 부족하면 어린아이는 필연적으로 죽게 될 것이다.

예를 들어, 모유에 칼슘 성분이 포함되어 있지 않다면 어린아이의 뼈는 태어난 직후에 자라지도 않고 그 수가 늘어나지도 않으면서 빠르게 감소될 것이며 그 결과로 죽게 될 것이다. 동물들에게 칼슘 성분이 없는 먹이만을 주는 실험을 했던 적이 있었다. 그러자 이상하게도 동물들은 모두 점점 뚱뚱해졌지만 뼈는 대단히 약해지더니 결국에는 부러지고 말았다.

만약 모유에 인(燐) 성분이 포함되어 있지 않다면, 인의 부족으로 뼈와 치아가 상하게 될 뿐만 아니라 심지어 어린이의 뇌는 적절하게 완성되지 않게 되고, 뇌에서 방출되는 인의 양을 대체할 수 없게 되면서 호흡하는 매순간마다 인을 상실하게 된다.

모유에 철분이 없다면 어린이는 위황병(萎黃病;철분 결핍에 의한 빈혈증)으로 사망하게 된다. 그런데 이 질병은 성인들에게도 위험해서 철분이

47

많이 함유된 약물로 치유될 수 있다.

만약 황(黃)이 없다면, 어린이의 담즙이 발달할 수 없다. 다들 알고 있듯이 담즙은 인간의 신체에서 중요한 역할을 맡고 있다.

이런 것들은 단지 모유의 부수적인 요소들로 일반적으로 식료품이라고 여겨지지는 않는다. 실제로 매일 음식을 먹는 사람들 중에서 인과, 철분, 칼슘 그리고 황을 먹어야만 한다고 인식하고 있는 사람이 있을까? 이것들뿐만이 아니다. 우리가 전혀 의식하지 못하고 먹는 마그네슘, 염소 그리고 플루오린(불소)도 있다. 게다가 우리가 먹는 음식은 세 가지 기체인 질소와 산소 그리고 수소는 물론이고 순수한 석탄과 다를 바 없는 탄소*(탄소 'carbon'은 라틴어로 목탄을 의미하는 'carbo'에서 유래한 것이다)라는 고형물(固形物)로 이루어져 있다.

이런 모든 것들이 모유 속에 포함되어 있으며, 실제로 인간의 몸을 구성하고 있는 요소들인 것이다. 어쩌면 적절한 음식을 조달하는 것보다 더 쉬운 일은 없다고 믿는 사람들도 있을 것이다. 몸에 필요한 자양분을 제공하기 위해선 단지 일정한 양의 탄소, 수소, 산소 그리고 질소와 약간의 칼륨, 칼슘 그리고 마그네슘을 선택하고, 철과 황, 인, 염소 그리고 플루오린을 조금씩 섞은 다음 이 혼합물을 일정한 시간적인 간격을 두고 숟가락으로 섭취하는 것이 필요할 뿐이라는 것이다. 하지만 이것은 잘못된 생각이다. 이런 일을 저지른 사람은 자신의 목숨을 내놓아야 할 것이기 때문이다.

비록 이런 물질들이 우리의 일상적인 식사에 적절하고 가장 중요한 성분들을 구성하고 있지만, 원하는 결과를 얻어내기 위해 우리는 그것들을 원시적인 형태로 먹어서는 안된다. 그것들은 오직 특별하고도 불가사의한 방식으로 함께 결합되었을 때에만 우리 몸에 실질적인 양식이 될 수 있기 때문이다.

  다음 장에서는 이러한 물질들이 우리에게 적절한 음식으로 제공되기 전에 먼저 자연이 어떻게 혼합해주어야만 하는지를 확인하게 될 것이다. 또한 우리가 때로는 전혀 다른 형태와 혼합으로 받아들이게 된다는 것도 확인하게 될 것이다. 예를 들어, 어머니의 모유를 먹을 때 우리는 위에서 나열한 요소들을 단백질, 지방, 유당, 소금 그리고 수분의 형태로 먹는다는 것을 확인하게 될 것이다.

제4장

자연은 우리의 음식을 어떻게 준비해 놓았을까?

앞에서 어머니의 모유로 살아가는 어린이의 음식은 특별한 물질들의 기초적인 요소들로 이루어져 있다고 했다. 이것들은 주로 산소와 수소 그리고 질소이며, 이 세 가지 기체에는 많은 양의 탄소가 추가되어 있을 것이다. 이러한 기체들과 탄소의 불가사의한 혼합 외에도 어머니의 모유에는 여전히 다른 요소들이 함유되어 있지만, 그 비율은 아주 적다. 일상생활에서는 대부분 생소한 것들이다.

예를 들어 칼슘, 마그네슘, 염소 그리고 플루오린 같은 것들이지만 모두 다 알고 있는 다른 것들 즉 철, 황 그리고 인도 있다. 이처럼 익숙하지 않은 성분들은 모두 자연이 세심하게 모유 속에 변형시켜 놓은 것이다. 그것들의 원시적인 상태이거나 인공적으로 만들어낸 다양한 화학적 배합일지라도 그 목적에는 적합하지 않기 때문이다. 그러므로 반드시 자연 스스로가 우리를 위해 준비해주어야만 하는 것이 필요하다. 자연은 그것들을 우선 채소 상태로 전달해 놓았다가 나중에 새로운 형태로 변화시킨다.

식물은 기초적인 화학요소들을 먹고 산다. 보다 더 정확히 설명하자면, 식물은 기초적인 요소들이 변형된 것일 뿐이다! 이러한 요소들이 식물로 변형되기 전에는 동물이나 인간들의 음식으로 적합하지 않다.

더 나아가, 인간이 먹는 모든 것은 우선 채소 상태에 있어야만 한다. 그런데, 인간이 고기와 지방 그리고 동물의 알을 먹는 것은 사실이지만 그 동물들의 고기와 알들은 어디에서 생기는 것일까? 오직 동물들이 먹는 식물에서만 생기는 것이다.

자연에는 놀랄만한 변형 과정이 있다. 기초적인 요소들이 식물에 영양분을 공급하고, 그 식물이 동물에게 영양분을 공급한다. 그리고 식물과 동물 모두 다 인간의 영양물이 된다.

어린이의 가장 단순하고 가장 자연스러운 음식인 어머니의 모유일지라도 오직 어머니가 채소와 동물성 물질을 먹는다는 사실 덕분에 존재하는 것이다. 자연이 어머니를 위해 준비한 이 음식이 그와 똑같은 성분을 지닌 몸으로 변화된 것이며, 또한 부분적으로 어린이에게 양분을 제공하기 위한 모유가 된 것이기도 하다.

그러므로 어머니의 모유가 산소, 질소, 수소, 탄소 그리고 적은 양의 다른 화학적 기초요소들로 구성되어 있다는 것은 분명하다. 하지만 모유의 형태로 나타날 때 이러한 물질들은 기성식품을 구성하는 것과 같은 방식으로 결합되어 있다. 즉, 위에서 설명했듯이 단백질, 지방, 유당, 염분 그리고 수분으로 구성되어 있는 것이다.

이어지는 질문들은 이런 것들이다.

"이런 음식의 요소들은 어린아이의 몸 속에 있을 때 어떤 일을 수행할까? 이런 물질들은 어린아이가 먹고 난 다음에는 무엇이 될까? 몸 속에 머무는 동안 어떻게 변화되는 것일까? 그리고 어떤 조건 속에서 몸을 떠나게 되고 어떻게 다시 음식을 먹고 싶도록 만드는 것일까?"

이런 질문들은 '영양공급'을 다루는 장에 포함되는 것이 적절하므로, 그곳에서 차례대로 대답하게 될 것이다. 그 후에 우리의 관심을 그 이상의 질문, 즉 "젖을 뗀 이후에는 음식의 어떤 성분들이 인간에게 가장 큰 도움이 될까? 또는, 음식을 섭취할 때 식물질과 동물질 중에서 어머니의 모유에 함유된 것과 동일한 물질들은 어떤 음식에서 얻게 되는가?"에 관심을 돌리도록 해야 할 것이다.

이런 모든 질문들에 대답하기 위해 우리는 먼저 약간의 근거를 준비해야만 한다. 이것은 다른 방식으로 도달하는 것보다 더 짧은 시간 내에 목적지에 도달하게 될 것이기 때문에 도움이 된다. 만약 더욱 진지한 관심과 생각으로 우리의 도움을 받아들이기만 한다면 독자들에게 이 주제에 관한 정확한 생각을 제공할 것이라고 믿는다. 우리는 이 어려운 주제를 대단히 짧은 지면 내에서 다루어야 하므로 더 깊은 관심이 필요하다.

제5장

어린이의 몸 속으로 들어간 어머니의 모유는 무엇으로 변하는 것일까?

어머니의 몸을 떠나게 되었을 때, 이전에는 어머니의 혈액을 통해 형성되고 영양분을 공급받았던 유아의 몸은 피와 살 그리고 **뼈**로 구성되어 있다.

하지만 태어나자마자 이런 방식의 영양공급은 멈추게 된다. 또한 유아에게 쓸모없게 된 물질들이 어머니를 통해 분비되던 것도 멈추게 된다. 유아는 이제 스스로 숨을 쉬기 시작하면서 호흡을 통해 탄소를 탄산의 형태로 분비하게 된다. 유아의 피부는 땀을 흘리기 시작하며 수분 또는 증기의 형태로 수소와 산소를 주로 분비하게 되며, 마지막으로는 오줌으로 질소를 분비한다. 탄소, 수소, 산소, 질소와 같은 물질들은 분비되기 전에 유아의 몸에서 절대적으로 필요한 부분들을 구성한다. 하지만 이제 다 소모했으므로 밖으로 배출해야만 한다.

유아의 몸이 이런 손실에 대한 보상을 원하게 되는 것은 분명하다. 보상은 어머니의 모유로 제공된다. 모유는 주로 이러한 것들과 동일한 물질로 구성되어 있기 때문이다.

그런데 이런 변화는 어떻게 일어나는 것일까?

모유는 유아의 목에서 식도를 통해 위로 들어간다. 입속에 있는 동안 모유는 '타액'이라는 액체와 뒤섞인다. 타액은 모유가 유아의 위에 도착했을 때 일어나는 필수적인 변화를 준비하는 특별한 성질을 갖추고 있다. 하지만 주요한 작업은 위 자체 내에서 이루어진다. 위벽은 '위액'이라는 액체를 분비하는데, 위액은 모유는 물론 단단한 음식도 걸쭉하게 변형시키는 역할을 하며 음식을 곤죽으로 만들고 축축하게 만든다.

과학은 위액을 인공적으로 준비할 수 있도록 해주었다. 빵과 고기 조각 등의 단단한 음식을 걸쭉하게 변형시키는 소화과정은 오늘날 따뜻한 인공위액으로 채워진 유리병에서 관찰할 수 있다.

소화가 끝난 후에는 소화과정에서 근육에 의해 닫혀 있던 십이지장으로 연결되는 위의 아래쪽 구멍이 스스로 열린다. 이제는 '유미즙(반유동체의 소화물)'이라 불리는 걸쭉한 덩어리는 위와 연장된 부분인 '소화관(消化管)' 또는 '십이지장' 속으로 흘러들어간다. 십이지장은 주름이 많고 구불구불하고 길쭉한 자루이다.

여기에서 유미즙은 다시 '장액(腸液)'이라는 액체와 혼합되며, 유미즙이 두 가지 부분으로 분리될 때까지 소화를 지속시키는 특성을 갖고 있다. 그 두 가지 중의 하나는 '유미즙'이라는 유백색의 액체로 신체에 영양을 공급하는 물질을 함유하고 있다. 다른 하나는 단단한 부분으로 영양공급에는 적합하지 않아서 직장(直腸)의 아래쪽 구멍에 의해 배출된다.

그렇다면 영양분이 있는 부분인 유미는 어떻게 몸의 다양한 부분들로 운반되는 것일까?

창자관은 "암죽관(lacteal absorbents 유미관)'이라는 지극히 작은 관들로 가득 채워져 있다. 이 관들이 유미를 흡수한다. 엄청나게 긴 길이 때문에 창자관은 건강한 몸에서 유미를 완전하게 흡수한다. 몸을 위한 진정한 영양소는 이제 수많은 작은 관으로 이루어진 암죽관에 담겨 있다.

하지만 이 작은 관들은 척추의 아래쪽 부분을 향해 모여들어, 결합하면서 가슴으로 거슬러오르는 관을 형성한다. 여기에서 이것은 커다란 혈관 속으로 흘러 들어가며, 이곳의 혈액은 심장으로 향한다. 심장에서 다른 방향으로 빠져나간 혈액은 몸 전체로 나아간다.

그러므로 음식은 혈액과 매우 비슷한 액으로 변형된 후에 완곡한 행로를 거쳐 혈액과 결합되며, 최종적으로 혈액과 혼합되는데, 보다 정확하게 말하자면 혈액으로 변하는 것이다.

제6장

혈액은 어떻게 우리 몸의 생명 유지에
필요한 일부가 되는 것일까?

혈액을 '액체 상태의 인간의 몸'이라고 부르는 것은 당연한 일이다. 혈액은 인간의 살아 있는 튼튼한 몸이 될 것이기 때문이다.

사람들은 위대한 박물학자인 리비히(Liebig)가 혈액을 '액체 육체'라고 불렀을 때 깜짝 놀랐지만, 우리가 한 걸음 더 나아가 혈액을 '액체 상태의 인간의 몸'이라고 부르는 것은 정확한 표현이다. 혈액으로부터 근육이나 살뿐만이 아니라 뼈, 뇌, 지방, 치아, 눈, 정맥, 연골, 신경, 힘줄 그리고 머리카락까지 만들어진다.

마치 당분이 물속에 녹아 있는 것처럼 이러한 모든 부분의 성분들이 혈액 속에 용해되어 있을 것이라는 생각은 잘못된 것이다. 전혀 그렇지 않다. 물은 그 속에 녹아 있는 당분과는 전혀 다른 것이지만, 혈액은 그 자체가 신체의 단단한 부분들을 모두 형성하는 물질이다.

혈액은 심장 속으로 흘러들어가며 심장은 펌프처럼 혈액을 폐 속으로 내보낸다. 혈액은 폐에서 호흡을 통해 폐 속으로 들어오는 대기 중의 산소를 놀랄만한 방식으로 흡수한다. 그 후 산소를 가득 머금은 혈액은 심장의 팽창 운동에 의해 심장의 다른 부분으로 소환된다.

심장의 이 부분은 다시 수축하여 산소와 화합된 혈액을 동맥을 통해 몸 전체로 내보낸다. 동맥은 가지를 뻗어 마침내는 더 이상 육안으로는 보이지 않게 될 때까지 점점 더 가늘어진다. 이런 방식으로 혈액은 몸의 모든 부분으로 스며들며 이와 비슷한 가느다란 실 같은 정맥에 의해 심장으로 돌아온다. 정맥은 서서히 연결되면서 더욱 큰 정맥이 된다. 심장에 도착한 혈액은 다시 폐 속으로 흘러들어가 더 많은 산소를 흡수하고 심장으로 돌아가면서 전체적인 체계를 통해 다시 순환하게 된다.

심장에서 폐로 갔다 돌아오고 난 후 심장에서 몸의 모든 부분들로 갔다가 다시 돌아오는 두 번의 혈액 순환을 하는, 그 자체로 너무나도 놀라운 이 모든 일이 일어나는 동안 분자들의 변화는 끊임없이 진행된다. 즉, 쓸모없고 쇠약해진 물질들은 분비되고 새로운 내용물이 분배되는 교환이 이루어진다. 이것은 놀라운 사실이며, 그 원인은 과학이 아직 완전하게 설명하지 못하고 있지만 혈액이 신체의 모든 부분으로 이동해갈 때 그 시기에 그 부분에 필요한 것은 무엇이든 회복을 위해 남겨둔다는 것은 지극히 분명하다.

그러므로 어머니의 모유로부터 어린이의 몸에 형성된 혈액은 인과 산소 그리고 칼슘을 포함하고 있다. 이런 물질들은 혈액이 순환하는 동안 뼈에 축적되어 뼈의 주요한 요소인 '인산석회'를 형성한다. 이와 동일한 방법으로 플루오린과 칼슘은 치아에 전달된다. 근육이나 살도 혈액으로부터 그 성분들을 받아들인다. 신경, 정맥, 세포막, 뇌 그리고 손톱은 물론 심장, 폐, 간, 신장, 장 그리고 위와 같은 내부 기관들도 그 성분을 받아들인다.

하지만 이것들 모두 자신들의 쓸모없는 분자들을 혈액에 되돌려주며,

혈액은 그것들을 분비하게 될 신체의 각 부분들로 가져간다.

만약 신체의 어떤 구성원이 막혀 있어서 혈액이 순환할 수 없게 되면 반드시 부패한다. 신체의 일생은 쓸모없는 것들과 신선한 물질의 지속적인 교환이라는 부단한 변화와 변형으로 이루어져 있기 때문이다. 하지만 생명 유지에 필요한 이런 교환은 오로지 부단한 혈액의 순환에 의해서만 유지된다. 신체의 지극히 중요한 부분들로 변형되면서 혈액은 감소하게 되고 매일 먹는 음식에 의해 늘 새롭게 형성된다.

그러므로 음식을 '존재의 수단'이라고 부르는 것은 지극이 옳은 일이다. 그리고 혈액을 '생명의 주스'라 부르는 것은 정확한 표현이다.

제7장
물질의 순환

　이렇게 해서 우리는 인간의 몸이 생명유지에 필수적인 혈액이 변형되고 응고된 것이라는 사실을 알게 되었다. 그런데 혈액은 음식이 변형된 것이며, 음식은 자연에 의해 준비되고 변화된 주요한 요소들로 구성되어 있다. 그러므로 인간 자체는 변형되어 생명을 갖게 된 주요한 물질인 것이다.

　그런데 인류는 수백만 년 동안 생존하고 있으며, 지구에는 인간 외에도 동물의 왕국 전체가 인간처럼 신체를 발달시키고 유지하면서 영양분을 공급받고 있다. 그래서 이런 질문이 제기된다. 생명을 가진 지극히 중요한 물질이 되기 전에 영원히 변형을 수행해야만 하는 이 기초적인 요소들은 모두 어디에서 오는 것일까? 이 기초적인 요소들은 나중에 인간과 동물의 몸을 형성하기 위해 식물로 변하고 인간과 동물들이 소비하는 길고 긴 과정 동안 끊임없이 줄어들고 있는 것은 아닐까?

　이 흥미진진한 질문에 대한 대답은 이미 주어져 있다. 인간의 몸은 매순간마다 음식에 의해 구성되거나 창조되지는 않는다. 다만 매순간마다 인체의 작은 분자들이 죽는 것이다. 이러한 분자들은 자신들이 태어났던 대자연으로 돌아간다. 근원적인 요소들로 되돌아가는 것이다.

지구에 속한 것을 지구에게 돌려주고, 자연이 제공한 것을 자연에게 돌려주는 것은 죽은 것들뿐만이 아니다. 살아 있는 것들도 자연에 진 빚을 훨씬 더 많이 갚는다.

인간의 몸은 인간의 것이 아니다. 단지 짧은 봉사 기간 동안 자연이 빌려준 것이다. 그래서 자연은 자신이 인간에게 빌려준 것을 돌려받으려 하는 것이다. 그래서 인간이 품고 있는 모든 자부심에도 불구하고 자연이 끊임없이 제공하는 것을 받아들여야만 한다. 인간은 매일 빌려야만 하며 마지막으로 빌리게 되는 그 순간이 올 때까지 즉, 숨을 거둘 때까지, 매일 부분적으로 갚아야만 한다. 인간은 죽어가면서 자신이 빌린 마지막 빚을 땅에게 갚기 위해 침대 곁에 둘러 서 있는 사람들에게 넘겨주는 것이다.

참으로 놀랍지 않은가? 그의 혈액은 매일 자신에게 새로운 빚을 전달해주는 심부름꾼이며, 그리고 변형된 음식의 형태로, 변형된 자연 요소의 형태로, 자신의 몸을 갖추는 것이다. 하지만 동시에 그의 혈액은 그의 회계원이기도 하다. 혈액은 그에게 봉사하면서 자연으로 돌려줄 요소들을 몸에서 분비하는 것으로 그 빚을 없애주는 것이다.

몸은 모든 혈액 순환을 통해 변형된 음식을 공급받으며, 그 음식은 즉시 몸의 가장 중요한 부분들로 변하게 된다. 혈액이 돌아올 때마다 쓸모없게 된 물질은 배출되어야 할 곳으로 옮겨져 모이게 된다.

혈액은 쓸모없는 물질을 신장으로 이동시켜, 뼈와 치아를 형성하는데 사용되었지만 이제는 쓸모없게 된 인산석회의 일부와 혼합된 쓸모없는 질산을 오줌의 형태로 몸 밖으로 내보내게 된다. 그 외에도 혈액은 피부를 통해 땀을 분비한다. 땀은 물을 포함하는 액체이므로 산소와 수소가 포함되어 있지만 그 외에도 몸의 쓸모없는 다른 다양한 물질들, 예를 들어 탄산, 질소 그리고 지방도 혼합되어 있다. 하지만 혈액은 주로 쓸모없는 탄소를 폐로 이동시키게 된다. 그렇게 하여 호흡과정을 통해 탄산을 배출한다. 탄산은 폐에 너무 오래 머물거나 흡입하게 되면 치명적인 효과를 일으키는 기체이다.

인간이 하루에 분비하는 양은 결코 적지 않다. 체중의 14분의 1에 다다르며, 아니 그 이상이다. 땀의 무게만 해도 24시간 동안 부분적으로는 기체의 형태로 증발되거나 방울진 액체로 분비되는 양은 거의 2파운드 (약 1kg)가 된다.

분비된 물질들은 생명유지에 필요한 물질의 특성을 모두 잃게 된다. 그것들은 기초적인 요소들로 돌아가 영양물로서 주로 식물에게 공급된다. 이전에는 음식으로서 그와 똑같은 물질들을 인간에게 제공했던 식물의 영양물이 되는 것이다.

이것이 바로 자연에서 물질의 거대한 순환이 일어나는 방식이다. 생명이 없는 기초적인 요소들이 식물에게 제공되고, 식물로부터 음식의 형태로 동물과 인간에게 제공되고, 쓸모없는 물질이 된 이것들은 다시 기초적인 요소로 돌아가 새로운 순환을 시작하는 것이다. 이러한 방식에 의해 무생물 요소들이 다시 생명을 갖게 되고, 생명과 관련된 요소들은 다시 생명이 없는 것이 된다. 즉, 생명이 다시 죽음으로 변화하는 것이다.

이런 순환 속에서 우리의 '영양공급' 또는 보다 정확하게는 '인체 내의 물질의 변화'가 생명을 유지하는 자연의 연속 속에서 중요한 연결고리가 되는 것이다.

제8장
음식

지금까지 이야기한 것으로부터 오직 혈액과 동일한 구성물을 포함하고 있는 음식만이 훌륭한 식사가 된다는 것이 분명하게 드러난다.

이러한 구성물을 갖추려면 음식은 소금, 지방 그리고 당분을 포함해야만 하며, 이런 구성 요소들은 모두, 당연하게, 일정한 비율을 갖추어야만 한다.

물이 신체의 유지와 회복을 위해 필수적이라는 것은 모든 사람들이 명확하게 알고 있다. 우리가 먹는 육류는 거의 80%의 물을 함유하고 있지만, 만약 어떤 사람이 고기만 먹고 물을 마시지 않는다면 그는 죽고 만다. 그가 섭취하는 그 80%의 물은 인간의 몸을 위해 필요한 액체를 모두 형성하는 데에는 결코 충분하지 않기 때문이다.

우리가 먹는 알부민(생체세포와 체액 속의 단순 단백질)은 혈액 내에서 주로 몸의 근육 부분을 구성하는 물질들을 형성한다. 그러므로 카세인이 알부민과 정확히 똑같은 성분을 함유하고 있기 때문에 달걀 — 달걀의 흰자는 거의 순전한 알부민이다 — 을 먹는 것이 절대적으로 필요하다고 생각하는 것은 잘못이다. 앞에서 살펴보았듯이 그리고 독자들이 확실하게 알고 있듯이, 어머니의 모유에는 카세인이 포함되어 있지만 알부민은 전혀 없다. 그러므로 예를 들어 스위스의 목동들처럼 많은 양의 카세인을 먹는 사람은 고기가 거의 필요하지 않다. 하지만 카세인 외에도 다른 요소들 즉, 알부민 성분을 함유한 글루텐이라는 식물성 알부민이 있으며, 모든 점착성이 있는 식물들에도 있다. 특히 완두콩과 콩 그리고 렌틸콩은 살을 만들어내는 음식이 된다.

혈액에 제공되어야만 하는 소금은 일반적인 조리용 소금에만 있는 것이 아니다. '소금(Salts)'이라는 표현은 일반적으로 식료품이라고 생각하지 않는 물질들의 다양한 화합물을 의미한다. 예를 들어, 인과 철 등의 화합물이지만 눈으로는 볼 수 없다. 이것들은 뼈와 치아, 손톱, 연골 그리고 머리카락을 형성하는데 도움을 준다.

우리가 섭취하는 지방은 많은 사람들이 우리가 먹는 음식의 매우 중요한 부분이라 생각하며, 지방을 많이 먹게 되면 뚱뚱해질 것이라고 믿는다. 하지만 이 믿음은 옳은 것이 아니다. 고기와 지방만을 먹고 사는 사나운 짐승들은 뚱뚱해지지 않는다. 반면에 초식동물들은 당연하게도 식물로만 구성된 양질의 나무 열매를 공급받게 되면 엄청나게 뚱뚱해진다. 하지만 무엇보다 지방은 우리의 몸에 결코 불필요한 것이 아니다. 인간에겐 지방이 필요하다. 주로 인간의 호흡을 지탱해주는 것이 지방이기 때문이다. 하지만 몸에 필요한 지방은 인간 스스로가 형성하므로 단지 적은 양만을 먹을 필요는 있다. 설탕으로 새로운 지방의 형성을 돕기 위해 적은 양만을 먹을 필요가 있는 것이다.

그러므로 지방과 설탕을 동류의 음식으로 생각하는 것이 좋다. 지방은 체내에서 설탕으로부터 형성되기 때문이다. 우리가 매일 섭취하는 적은 양의 지방은 단지 설탕을 지방으로 변형시키는 일을 촉진하기 위한 것이다.

하지만 그 어느 누구도 실제로 설탕을 먹어야만 할 필요가 있다고 믿으면 안된다. 녹말은 몸 속에서 우선 당분으로 변했다가 지방이 되므로 녹말이 함유된 모든 음식은 설탕의 역할을 대단히 잘 보완한다. 감자는 녹말을 포함하고 있으며 그 효과를 잘 나타낸다. 하지만 감자로부터 녹말과 위 속에서 형성된 당분이 쉽게 지방으로 변환되기 위해서는 버터를 첨가하는 것이 필요하다.

빵은 거의 모든 영양소를 함유하고 있기 때문에 뛰어난 식료품이다. 빵은 식물 알부민을 포함하고 있으므로 살로 변환된다. 빵에는 신체에 필수적인 거의 모든 소금이 함유되어 있다. 게다가 지방이 만들어지는 녹말도 함유하고 있다. 그러므로 보다 쉽게 지방을 형성하기 위해서는 단순히 약간의 버터를 첨가하고, 물을 마시는 것으로 인간의 몸은 유지될 수 있다. 반면에 감자만을 먹는다면 영양공급이 부족해지며, 고기나 알부민은 어느 한 가지만을 섭취할 경우 생명을 유지할 수 없게 된다.

동물을 이용해 다양한 실험들이 이루어졌으며, 몸에 영양분을 공급하는 최상의 수단들에 대한 상당히 많은 정보들이 축적되었다. 음식의 영양과 관련된 특성들에 대한 효과를 조사하기 위해, 특히 병영과 같은 군대 기관들에서 연구들이 수행되었다.

제9장
영양에 대하여

현대과학의 요구에 따라 배고픔과 다양한 음식물의 효과는 물론 소화와 관련하여 영양섭취에 대한 수많은 실험들이 이루어져왔다.

소화 작용에 대해서는 위를 관통할 정도로 복부에 부상을 입은 사람들의 상처 부위를 통해 가장 훌륭한 연구들이 이루어졌다. 이 상처를 통해 음식을 소화시키는데 어느 정도의 시간이 걸리며 어떤 종류의 변화가 진행되는지 매우 상세하게 확인되었다. 여러 가지 실험들을 통해 소화를 위한 시간은 비록 음식물의 종류에 따라 크게 다르지만 1시간 반에서 5시간 반까지 걸리는 것으로 나타났다. 부드럽고 달콤한 사과와 거품을 낸 달걀이 가장 빨리 소화된다. 끓인 우유, 날달걀, 부드럽고 신 사과를 소화시키는 데는 2시간이 걸렸다. 생 양배추, 갓 짠 우유, 쇠고기 구이, 굴, 수란과 익히지 않은 햄은 거의 세 시간이 걸렸다. 통밀빵, 오래된 치즈, 감자는 거의 3시간 반이 필요하며, 돼지고기, 삶은 양배추, 양고기의 지방은 5시간 내에 소화되지 않았다.

배고픔으로 인해 일어나는 효과를 알아보는 실험들이 동물들을 대상으로 실시되었다. 굶주린 상태에 있는 동안 혈액의 4분의 3이 사라졌으며, 지방은 거의 모두 소모되었고, 살은 절반이 사라졌다. 피부는 3분의 1이 감소했으며 뼈의 무게는 약 6분의 1 정도가 줄어들었다. 가장 적게 감소한 것은 신경으로, 최소한의 음식만 제공된다면 신경은 뛰어난 자기보존 능력을 지니고 있다는 인상적인 결과가 나타났다. 수많은 실험으로부터 60kg 가량의 몸무게인 성인은 굶주림으로 인해 23kg 가량의 체중을 잃게 되면 죽는다는 결론을 얻게 되었다.

개에게 적용한 다양한 음식물의 효과에 관한 실험에서 개는 오랫동안 뼈를 먹으며 살 수 있지만 설탕만을 먹였을 경우에는 죽게 된다고 밝혀졌으며 사후에 조사했을 때 지방은 전혀 발견되지 않았다.

인과 석회가 전혀 함유되지 않은 물질들을 먹인 동물들은 점점 뚱뚱해졌지만 뼈에 적절한 영양공급이 되지 않아 죽게 되었다. 또한 순수한 알부민이나 순수한 카세인만을 먹인 동물들도 죽었다. 이런 상관관계에서 가장 주목할 만한 사실은 '음식을 전혀 먹지 않았다면' 죽게 되었을 시간과 똑같은 시간 내에 죽었다는 것이었다.

인간을 대상으로 한 실험에서도 '똑같은' 음식을 먹는 것은 건강에 나쁘다는 것이 밝혀졌다. 음식을 지속적으로 바꾸어 먹는 것이 영양공급에 대단히 좋으며 유익하다. 이것은 감옥과 군대에서 일주일 동안 매일 음식을 바꾸면서 매일 다양한 식사를 제공하여 확인된 사실이다.

언젠가 어떤 영국의 의사가 똑같은 음식만을 먹었을 때의 효과를 직접 시도해보았다. 그는 45일 동안 빵과 물 외에는 먹지 않았으며, 그 결과 그의 체중은 8파운드(약 3.6kg)가 줄었다. 그 후 4주 동안 빵과 설탕만을 먹었고 다음 3주 동안은 빵과 기름만 먹었다. 결국 그는 8개월 동안의 실험 끝에 사망하고 말았다.

그러므로 더욱 다양한 음식을 원하거나 한 가지 음식에 쉽게 싫증낸다고 해서 식성이 까다로운 사람이라고 말해서는 안 된다. 바로 이런 면에서 지속적인 변화가 필요한 것이다. 실험을 통해 토끼들에게 감자와 보리를 하루하루 번갈아 먹이면 건강한 상태를 유지하지만 오직 감자나 보리만을 먹이면 곧 죽게 된다는 것이 밝혀졌다.

마지막으로 몇 가지 음식물과 그것들의 특징을 알아보기로 하자. 곡물들 중에서 밀이 가장 영양가가 있다고 알려져 있으며 호밀빵과 고기를 함께 먹는 것은 언제나 훌륭하고 건강에 좋은 식사가 된다. 쌀은 지방을 만들어내지만 쌀만을 섭취하면 그다지 좋지 않다. 버터나 지방 그리고 약간의 고기와 함께 먹을 때만 영양가가 있기 때문이다. 감자는 값싸지만 영양소가 아주 적기 때문에 사치스러운 음식이 되고 만다. 몸에 이로운 음식이 되기 위해서는 무척이나 많은 양을 먹어야만 하며, 게다가 소금, 버터 또는 지방을 곁들여야만 한다. 그렇게 하지 않는다면 전혀 쓸모가 없다. 완두콩, 콩 그리고 렌틸콩은 좋은 식품이지만 껍질은 소화가 되지 않으므로 반드시 제거해야 한다.

일반적으로 음료는 음식물로 취급하지 않으며, 조리용 소금은 대개 맛을 내는 것쯤으로 생각하지만 크게 잘못된 일이다. 커피와 차 역시 나름대로의 영양소가 있다. 훌륭한 맥주는 절반의 식사와 마찬가지이며, 소금의 경우 적은 양을 동일하게 자주 먹는다면 훌륭한 영양공급 수단이 된다.

그러므로 값싼 커피, 값싼 맥주 그리고 값싼 소금은 사람들의 건강에 큰 도움이 된다.

제4부

빛과 거리

제1장
조명에 대하여

가끔씩 우리는 어느 한 지점에서 비추는 커다란 조명으로 도시 전체를 밝히겠다는 계획에 대해 듣곤 한다. 신문을 읽는 대중은 물리학에 속하는 관심사에 대해 너무나도 쉽게 믿기 때문에 그러한 계획들이 실현 가능한 일이라고 말해도 그다지 놀라지 않는다. 하지만 실제로는 그런 일들에 대해 조금만 관심을 기울여도 실행할 수 없는 일이라는 것을 즉시 알아차릴 수 있다.

실행할 수 없는 이유는 그처럼 강렬한 빛을 인공적으로 만들 수 없다는 것보다, 빛으로부터 멀리 떨어진 곳에서는 빛을 비추는 힘(光力)이 엄청나게 줄어들게 된다는 사실에 있다.

이것을 독자들에게 설명하기 위해, 뉴욕시의 어느 높은 곳에서, 말하자면 트리니티 교회의 첨탑과 같은 곳에서 대단히 밝은, 가스나 전기에 의해 발생하는 것만큼이나 밝은 빛이 있다고 가정해보자. 그러면 그 즉시 뉴욕의 외딴 거리들이 어떻게 빛을 받게 되는지를 확인하게 된다.

좀 더 명확하게 하기 위해 잠시 상상해보자. 트리니티 교회로부터 한 구역 떨어진 곳에 브로드웨이를 수직으로 교차하는 거리가 있다. 이곳을 'A' 거리라고 하자. 이 'A'로부터 한 구역 떨어진 곳에 또 다른 거리가 평행으로 나 있으며 이것을 'B'라고 하자. 또한 이 'B'거리와 평행으로 한 구역 떨어진 'C'거리가 있다. 그렇게 해서 A에서 G까지 각각 한 구역씩 떨어져 평행으로 나 있는 모두 7개의 거리들이 있다고 상상해보기로 하자. 이것 말고도, X라는 거리가 브로드웨이와 평행으로 한 구역 떨어져 있다고 가정해보자. 그러면 우리는 하나의 커다란 빛으로 밝게 비추어야 하는 7개의 정사각형을 갖게 된다.

우리는 빛으로부터 멀어질수록 빛의 강도가 줄어든다는 것을 잘 알고 있다. 하지만 이 빛의 강도는 특별한 비율로 줄어든다. 쉽게 이해할 수 없는 것이기 때문에 이 비율을 이해하기 위해서는 잠시 멈추어 과학이 밝혀낸 사실들을 알아야 한다.

물리학은 계산과 실험을 통해 다음과 같은 사실을 알려준다.

만약 빛이 일정한 공간을 비추게 되면, 2배 떨어진 거리에서는 그 강도가 2배로 희미하지는 않으며, 2×2인 4배가 희미해진다. 그 거리가 3배 떨어져 있으면 3배로 희미한 것이 아니라, 3×3인 9배가 희미해진다. 과학적인 언어로 표현하자면, '빛의 강도는 광원으로부터 떨어진 거리의 제곱의 비율로 줄어든다.'고 한다.

이제 이것을 우리의 예에 적용해보기로 하자.

트리니티 첨탑 위에 있는 거대한 조명은 매우 밝아서 한 구역 떨어진 곳 즉 A스트리트에서는 이 책에 인쇄되어 있는 글자들을 읽을 수 있다고 가정해보기로 하자.

B스트리트에서는 A보다 훨씬 더 어두울 것이다. 정확하게 4배가 더 어둡다. B는 트리니티 교회로부터 2배 더 멀어서 2×2 = 4이기 때문이

다. 그러므로 우리가 B에서 이 책을 읽으려면 글자들은 지금보다 4배는 더 큰 공간을 차지해야 한다.

C스트리트는 A스트리트의 빛으로부터 3배만큼 멀기 때문에 9배는 더 어두울 것이다. 그곳에서 이 글자들을 읽기 위해서는 현재보다 9배는 더 큰 공간을 차지하고 있어야 한다.

그 다음 스트리트는 A스트리트의 빛으로부터 4배는 더 떨어져 있으므로 법칙에 따라 글자들은 16배는 더 큰 공간을 차지해야 한다. A스트리트보다 16배는 더 어둡기 때문이다.

빛으로부터 5배는 더 멀리 떨어져 있는 E스트리트는 $5 \times 5 = 25$이므로 25배는 더 어두울 것이다. 6배 더 먼 F스트리트는 36배 더 어두울 것이며, 마지막으로 빛으로부터 7배는 더 먼 G스트리트는 $7 \times 7 = 49$이기 때문에 A스트리트보다 49배는 더 어두울 것이다. 그곳에서 읽을 수 있기 위해 글자는 49배는 더 큰 공간을 차지해야만 한다.

성급한 독자는 "이런 성가신 일은 간단히 해결하면 되지 않소. 트리니티 첨탑 위에 조명 49개를 설치하면 되는 거잖아. 그러면 어떤 신문이든 G스트리트에서도 읽을 수 있도록 충분히 비출 수 있을 거야."라고 외치겠지만 우리의 친구는 조명을 모두 한 곳에 설치하는 것보다 브로드웨이의 서로 다른 곳에 49개의 조명을 분배해 설치하는 것이 더 현명하다는 것을 쉽게 이해하고 있을 것이다.

우리가 커다란 광장 하나는 한 개의 조명으로 비출 수 있을 것이라고 누구든 설득할 수 있겠지만, 도시의 거리들은 그렇게 할 수 없으며, 더욱이 도시 전체를 밝힐 수는 없다.

제2장
태양에 의한 행성들의 조명

앞에서 확인했듯이, 단 하나의 빛으로 아주 먼 거리까지 비추는 것은 불가능하다. 하지만 자연이 그렇게 하고 있다는 것은 인정해야 한다. 태양은 태양계 전체를 비추는 유일한 빛이며, 행성들에서 보이는 빛은 단지 태양으로부터 받거나 반사하는 빛일 뿐이기 때문이다.

이것은 모든 행성에 우리가 지구에서 보는 것과 같은 생명체들이 없다는 것을 믿을 만한 충분한 이유가 된다. 반면에 각각의 천체에는 태양으로부터 떨어진 거리에 따라 구성된 생명체, 즉 태양에 의해 그곳에 발생하는 빛의 정도에 적응한 생명체들이 살고 있을 것이다.

자연과학은 태양빛이 우리가 만든 인공적인 빛과 동일한 법칙에 따른다는 것을 가르쳐주었다. 즉, 거리가 늘어날수록 빛은 줄어든다는 것이다. 태양으로부터 멀리 떨어져 있는 행성들은 가까운 곳에 있는 행성들보다 빛을 적게 받게 된다. 이 빛이 줄어드는 비율은 앞에서 설명한 지구상의 빛과 정확히 동일하다. 즉, 거리의 제곱에 따라 줄어든다. 달리 말하자면, 거리가 2배이면 빛의 세기는 4분의 1이 되며, 거리가 3배이면

9분의 1, 4배이면 16분의 1이 된다. 한마디로 각 거리마다 그 거리를 곱한 만큼(거리의 제곱만큼) 더 약해진다는 것이다.

행성들이 태양에서 떨어져 있는 거리에 반비례하여 빛을 받게 된다는 것을 즉시 확인할 수 있다. 이것만으로도 우리는 모든 행성에서 생명체는 반드시 전혀 다르게 구성되어 있을 것이라는 결론에 도달할 수 있다.

태양에 가장 가까운 행성의 이름은 수성(Mercury)이다. 수성은 지구보다 태양에 2.5배 정도 더 가까운 곳에 있으므로 거의 7배나 더 많은 빛을 받는다. 우리는 그런 빛의 세기는 물론 그로 인한 모든 결과들을 상상하지 못한다.

하나의 태양 대신 3개의 태양이 있다면 분명히 우리는 눈이 멀게 될 것이다. 하지만 7개의 태양 즉, 지구에서 가장 밝은 날들의 7배에 이르는 빛을 받는다면 우리는 눈을 감고 있다 해도 견뎌낼 수 없을 것이다. 더 나아가 우리가 눈꺼풀을 제아무리 굳게 닫고 있다 해도 태양빛으로부터 완전하게 보호받지는 못할 것이다. 이것이 바로 수성의 생명체는 인류와는 전혀 다르게 구성되어 있을 것이라는 주장의 근거이다.

두 번째 행성인 금성은 지구보다 1.3배 더 태양에 가깝다. 그러므로 이 행성에 비추는 빛은 지구보다 거의 두 배는 더 밝다. 그런 정도라 해도 우리는 견뎌낼 수 없을 것이며, 마찬가지로 이 행성에 사는 생명체는 우리와는 전혀 다를 것이다.

세 번째 행성은 우리가 살고 있는 지구다. 비록 아직까지는 아무도 온도계로 열을 재는 것처럼 빛의 세기를 정확하게 측정하는데 성공하지는 못했지만, 우리는 경험을 통해 밝은 여름날에 비추는 태양빛의 세기를 익히 잘 알고 있다.

최근에 베를린의 쉘(Schell) 씨가 박물학자들, 특히 알렉산더 폰 훔볼트(Alexander von Humboldt 1769~1859)의 동의를 이끌어냈던 방식으로 빛을 정확하게 측정하려 시도했던 것은 사실이다. 하지만 비록 그 실험들이 사진사들에게는 대단히 유용한 것이었지만, 제시했던 그 실험들은 아직 적절하게 수행되지 않았다. 그러므로 현재까지 우리는 달빛이 태양빛보다 얼마나 흐린지를 측정할 수 없는 것과 마찬가지로 구름이 없는 여름날의 이틀 동안 내리쬐는 빛 사이에 어떤 차이가 있는지를 모른다.

네 번째 행성은 화성이다. 태양으로부터의 거리는 지구보다 1.5배 더 멀다. 그곳에는 태양의 빛이 지구에 비해 대략 반 정도의 세기로 비춘다. 그래서, 비록 빛의 밝기가 다른 날의 반 정도인 날들이 종종 있기는 해도, 우리가 화성에서 살 수 있을지는 대단히 의심스럽다. 빛은 우리의 눈에만 영향을 끼치는 것이 아니라 몸 전체와 건강에 영향을 끼치기 때문이다. 빛이 부족하다는 것 자체가 우리에게는 치명적인 것으로 밝혀질 가능성이 높다.

새롭게 발견된 24개의 행성은 지구보다 거의 6배 정도 더 어둡다. 이 행성들의 태양빛은 아마 지구에서 1851년 7월 개기일식이 일어났던 순간과 비슷할 것이다. 이 빛은 몇 분 동안 대단히 흥미로운 것이었지만, 만약 그 상태가 지속된다면 분명 우리를 우울증에 빠뜨리게 될 것이다.

더 멀리 떨어져 있는 행성들에서는 훨씬 더 나쁜 일들이 일어날 것이다. 목성은 지구보다 30배는 더 어둡다. 천왕성은 300배는 더 어두우며, 1845년에 발견된 마지막 행성인 해왕성에서는 빛이 지구보다 900배는 더 흐릿하다.

비록 멀리 떨어져 있는 행성들에는 모두 달이나 위성들이 있지만 그

달들 자체는 대단히 미약한 빛을 비춘다는 것을 잊어서는 안된다. 위성들은 밤에만 빛을 비추며 그 때는 연인이나 밤거리를 거니는 사람들에게나 도움이 될 것이다.

제5부

천문학의 불가사의들

제1장
엄청난 발견

새로운 행성이 발견되었을 때, 천문학자들이 그 후 며칠도 지나지 않아 태양으로부터의 거리는 물론 궤도를 도는데 몇 년이 필요한지를 판단할 수 있다는 것에 많은 사람들이 깜짝 놀랐다. 사람들은 "어떻게 그런 일을 할 수 있죠? 그처럼 짧은 기간 내에 새로운 행성을 그처럼 정확하게 알아내고 그것의 경로를, 그러니까, 심지어는 그 행성이 지나가는 시간까지 알아낼 수 있다는 거죠?"라고 묻는다.

그럼에도 천문학자들이 그런 일을 할 수 있다는 것은 사실이다. 그리고 비록 아주 짧은 시간만 관찰한다 해도, 천문학자는 열차의 도착 예정 시간보다 더 정확하게 천체의 도착을 예측할 수 있다.

가끔은 그보다 더 어려운 일도 해낸다. 1846년에 파리의 천문학자인 르베리에(Le Verrier)는 하늘을 보거나 망원경으로 관찰하지도 않고 단순히 계산에 의해 지구에서 28억 6,200만 마일 떨어진 곳에 행성이 있으며, 그 행성은 지구를 한 바퀴 도는데 60,238일 11시간이 걸리며, 지구보다 24와 2분의 1배 더 무거우며, 정해진 시간과 위치에서 발견될 것이

르베리에(Le Verrier 1811~1877)

라는 사실을 밝혀냈다.

르베리에는 이러한 내용을 모두 파리에 있는 과학아카데미에 전달했다. 아카데미는 '그 사람은 정신이상자입니다. 그가 어떻게 지구에서 28억 6,200만 마일이나 떨어져 있다는 것을 알 수 있겠어요. 그는 당장 내일 날씨가 어떨지도 모를 것입니다.'라는 말을 전혀 하지 않았다. 더 나아가 '그 사람은 아무도 거짓이라고 증명할 수 없는 것을 주장하기 때문에 우리를 놀리려고 하는 것입니다'라거나 '그 사람은 사기꾼입니다. 그 행성을 우연히 발견한 것이 거의 틀림없는데 지금 자신의 학식으로 발견한 척을 하고 있는 것이에요.'라고 하지도 않았다. 그런 반응은 전혀 없었다. 그와는 반대로 그의 발표는 그 중요성에 걸맞게 정당하게 받아들여졌다. 르베리에는 위대한 천문학자로 유명해졌다.

그가 어떻게 발견하게 되었는지를 알게 된 후, 아카데미의 회원들은 그의 주장이 진실이라고 믿을 훌륭한 이유들이 있다는 것을 확신하게 되었다.

그의 노력은 완벽한 성공으로 보답을 받게 되었다.

그는 1846년 1월에 아카데미에 알렸으며, 8월 31일에는 자신이 아직 보지 못했던 그 행성에 관한 상세한 보고서를 보냈다. 과학자들의 입장에서 느꼈을 놀라움과 경탄은 상상하기 어려울 정도였다. 과학 교육을 받지 않은 사람들의 입장에서는 단지 미소를 지으며 의심을 할 뿐이었다.

9월 23일에 현재는 베를린에 있는 브레슬라우 연구소의 소장이지만 당시에는 연구원이었으며 성공적인 관찰과 발견으로 명성을 떨치고 있던 갈레(Galle)는 천체의 지명된 한 장소에서 새로운 행성을 관찰해 줄 것을 요청하는 르베리에의 편지 한 통을 받게 되었다. 비록 당시에는 베를린보다 더 훌륭한 망원경이 있는 도시들이 있었지만 관찰하기에 보다 적합한 위치라는 것 때문에 이 도시를 선택한 것이었다.

그날 밤에 갈레는 르베리에가 지정한 곳으로 망원경의 방향을 잡았으며 그곳에서 아주 조금 떨어진 곳에서 실제로 그 행성을 발견했다.

르베리에의 이 발견은 그때까지 있었던 과학 연구에서 이루어낸 것들 중에서도 가장 위대한 업적으로 불리는 것이 마땅하다. 실제로 이런 종류의 일이 그 전에는 나타났던 적이 전혀 없었다. 이 시대를 살면서 그런 발견들이 이루어지는 방법에 대해 전혀 모르는 사람이라면 동시대인이라 불릴 자격이 없다고 할 수 있다.

우리는 이제 여러분을 천문학자로 만들어보려고 노력할 것이다. 단순히 여러분에게 이 발견의 기적에 대해 설명하는 것만으로 충분히 그렇게 할 수 있다.

제2장

르베리에의 발견을 뒷받침하는 것들

자신의 위대한 발견에 온힘을 기울였던 르베리에가 과학의 새로운 길을 개척했던 것은 아니었다. 그는 모든 천문학 지식의 근거인 위대한 자연법칙의 도움을 받았던 것이다. 그것은 바로 아이작 뉴턴 경이 발견했던 중력의 법칙이다.

우리가 앞에서 빛에 대해 말했던 것을 완전히 이해하고 있는 독자들이라면 지금 소개하려는 중력의 힘도 쉽게 이해할 것이다.

모든 천체에는 인력이 있다. 즉, 천체는 자석이 철을 끌어당기는 것과 똑같은 방식으로 다른 모든 천체를 끌어당긴다. 모든 행성들이 정지해 있다면, 즉, 움직이지 않고 있다면, 태양의 엄청난 인력으로 인해 급속하게 끌려가 마침내는 태양과 결합해 하나의 천체가 되었을 것이다.

이런 일이 일어나지 않는다는 것은 오로지 모든 행성들에게는 고유한 움직임이 있다는 사실에서 비롯된다. 이 움직임이 태양의 인력과 결합되어 태양의 주위를 돌게 만드는 것이다.

이것은 다음과 같이 설명할 수 있다. 강력한 자석이 식탁의 중앙에 있다고 가정해보자. 이제, 누군가가 쇠공 하나를 식탁 위에 놓았다고 하자. 그러면 이 공은 일직선으로 자석을 향해 끌려갈 것이다. 하지만 누군가가 자석을 지나쳐 가도록 그 공을 굴렸다면, 처음에는 직선으로 굴러가지만 매순간마다 자석이 끌어당기므로 공은 직선 경로를 벗어날 수밖에 없으며 자석 둘레를 빙글빙글 돌기 시작하게 된다.

우리는 자석 둘레를 도는 이러한 원운동이 두 가지 힘에서 비롯된 것임을 알고 있다. 공을 직선으로 굴러가도록 했던 손의 힘과 매순간 그 공을 끌어당기는 자석의 인력이다.

100년 전에 영국에서 살았던 가장 위대한 자연철학자인 뉴턴은 행성들에 의해 나타나듯이 태양 둘레의 모든 궤도는 그런 두 가지 힘에 의해 발생한다는 것을 증명했다. 즉, 방해를 받지 않는다면 행성들은 자체의 고유한 움직임에 의해 공간을 직선으로 가로질러 날아가게 될 것이지만, 그 직진 경로를 지속적으로 방해하는 태양의 인력으로 인해 태양 둘레를 돌게 된다는 것이다.

하지만 뉴턴은 이것 외의 사실들도 발견했다. 그는 행성의 공전주기를 안다면 태양의 인력이 행성에 얼마나 영향을 끼치는지 정확하게 결정할 수 있다는 것을 입증하는데 성공했다. 그러므로 태양의 인력이 강하다면 그 행성은 매우 빠르게 회전할 것이며, 약하다면 느리게 움직이게 될 것이다.

예를 들어, 태양이 갑작스럽게 인력의 일부를 잃게 된다면, 그 결과로 지구는 태양 둘레를 더욱 느리게 공전하게 된다. 현재 365일인 우리의 1년은 훨씬 더 길어지게 될 것이다.

또한 뉴턴은 태양의 인력은 근접해 있으면 강하지만 거리가 멀수록 약해진다는 것도 입증했다. 달리 말하자면, 태양으로부터 멀리 있는 행성들은 가까이에 있는 행성들보다 더 약하게 끌어당겨진다는 것이다. 앞에서 확인했듯이 빛이 거리의 제곱만큼 강도가 줄어드는 것처럼 인력도 거리에 따라 그와 동일한 비율로 줄어든다. 이것은 태양으로부터 지구보다 2배 더 멀리 떨어져 있는 행성은 단지 4분의 1의 힘으로 끌어당겨진다는 것을 의미한다. 3배 더 멀리 떨어져 있는 행성은 9분의 1의 힘으로 당겨진다.

이 위대한 법칙은 자연 전체에 적용된다. 이것은 천문학의 기초이며 르베리에의 발견을 뒷받침하는 것이었다.

제3장
위대한 발견

어쩌면 생각이 깊은 독자들에겐 이런 질문이 저절로 떠오르게 될 것이다.

"만약 천체들이 서로를 끌어당긴다는 것이 사실이라면, 행성들은 왜 서로의 주변을 도는 방식으로 서로 끌어당기지 않는 것일까?"

뉴턴 자신도 이 질문을 제기했으며, 그 답을 찾아내기도 했다. 천체의 인력은 그것의 크거나 작은 질량에 따라 다르다. 태양계에서 태양의 질량은 다른 어떤 행성들보다 월등하게 크므로 인력의 균형은 주로 태양에 의해 결정되며 태양 주변 행성들의 공전도 마찬가지다. 만약 태양이 갑자기 사라진다면 행성들이 서로를 끌어당기는 작용의 효과는 엄청날 것이다.

목성의 질량이 가장 크기 때문에 당연하게도 행성들은 모두 목성의 주변을 돌기 시작하게 될 것이다. 구체적인 예를 들어보자면, 태양의 질량은 지구보다 355,499배 더 무겁지만 목성은 339배 더 무겁다. 태양의 질량이 목성보다 천 배는 더 크다는 것은 분명하므로 태양이 있는 한 지

구는 절대 목성의 둘레를 돌지는 않을 것이다.

하지만 목성이 지구에 영향을 끼치지 않는 것은 아니다. 비록 태양의
둘레를 도는 궤도로부터 벗어나게 할 수는 없지만 일정한 정도로 지구
를 끌어당긴다. 관찰과 계산 결과는 태양 둘레의 지구 궤도는 목성의 인
력에 따라 어느 정도 변한다는 것을 보여주며, 이것을 '교란되었다'라고
표현한다.

목성과 지구가 그렇듯이 다른 행성들도 모두 교란된다. 행성들 상호
간의 인력은 태양을 도는 행성들의 궤도를 교란시킨다. 사실, 모든 행성
들이 이러한 '교란' 없이 돌게 된다면 전혀 다른 궤도가 될 것이다. 이러
한 교란을 계산하는 것이 천문학에서 커다란 어려움을 만들어내며, 과
학에서 가장 예민하고 가장 활동적인 연구를 요구하게 된다.

어쩌면 여기에서 일부 독자들은 시간이 경과하면서 이런 교란이 너
무 커져 태양계 전체를 혼란 속에 빠뜨리게 되지는 않을 것인지를 질문
할 수도 있을 것이다. 사실, 이와 똑같은 질문을 지난 세기 말에 위대한

존 허셜 경(Sir John Herschel 1738~1822)

수학자인 라플라스(Pierre Simon Laplace 1749~1827)가 제기했다. 하지만 그는 이 질문에 대해《천체의 물리학》이라는 불후의 명작에서 스스로 대답을 내놓았다. 그는 모든 간섭은 단지 일정한 시간 동안만 지속되며, 태양계는 교란을 일으키는 인력들에 의해 교정 또는 조절된 일정한 시기를 거친 후에 구성되었으므로 마침내 언제나 완벽한 질서를 갖게 되었다는 증거를 제공했다.

앞에서 이야기한 것에 따라, 만약 행성들 중 보이지 않는 행성이 있다면, 다른 행성들의 궤도에서 일어난 교란으로 인한 것이므로 그것의 위치는 여전히 과학자들이 알아낼 수 있다. 만약 알아내지 못한다면, 그 행성의 질량이 인력을 알아차리지 못할 정도로 지극히 미미하기 때문일 것이다.

자, 이제 우리는 이 장의 주제에 대한 설명을 진행할 수 있게 되었다.

르베리에의 위대한 발견이 있었던 1846년까지는 천왕성이 태양 주변을 돌고 있는 행성들 중 가장 멀리 떨어져 있다고 믿고 있었다. 천왕성은 1781년에 영국의 존 허셜 경(Sir John Herschel 1738~1822)이 발견했다. 이 행성은 태양을 한 바퀴 도는데 84년이 걸렸기 때문에 1846년까지 완전한 공전주기는 관찰되지 않았다. 그럼에도 태양의 인력을 알고 있었기 때문에 천왕성의 궤도는 영향을 끼칠 수도 있는 모든 교란을 고려하여 매우 정확하게 계산되고 알려졌다.

하지만 정밀하게 모든 것을 계산했음에도 불구하고, 천왕성의 실제 진행 경로는 계산했던 것과 전혀 일치하지 않았다. 르베리에의 발견이 있기 훨씬 전에 이미 온갖 망원경에도 불구하고 천왕성 너머 인간의 눈으로는 아무것도 발견할 수 없는 지역에 천왕성의 진행 경로를 변화시키는 행성이 있을 것이라고 생각하는 사람들이 있었다. 안타깝게도 너무 일찍 사망한 위대한 천문학자인 베셀(Bessel)은 이미 계산을 통해 그 미지의 교란자를 찾아내는 단계에 있었다. 하지만 르베리에의 발견이 발표되기 직전에 그는 사망했다. 1840년 이전에는 러시아의 도르팻(Dorpat)이라는 도시에 있던 마에들러(Maedler)는 아직 관찰되지 않았던 이 교란자에 대한 훌륭한 논문을 작성했다.

하지만 르베리에는 그 과제를 시작하고 마무리를 지었다. 그는 빈틈없이 계산해냈으며 과학계의 모든 사람들의 존경을 받았다. 그는 천왕성에 그 정도의 영향을 끼칠 수 있는 간섭자가 있을 것으로 보이는 곳을 조사했다. 이 간섭자가 얼마나 빠르게 궤도를 돌고 있는지 그리고 그것의 질량은 얼마나 될 것인지를 계산했던 것이다.

우리는 르베리에가 '정신적인' 눈으로 오직 계산이라는 수단에 의해 수백만 마일의 거리에 있는 행성을 발견해낸 업적을 목격하고 있는 것이다.

그러므로 이렇게 말해야 한다.

'과학을 존중하라! 그것을 계산해낸 사람들을 존중하라! 그리고 인간의 눈보다 더 먼 곳을 바라보는 인간의 지성을 존중하라!'

제6부

기상학

제1장

기후에 대한 것들

몇 년 전에 우리는 '눈이 내리지 않는 따뜻한 크리스마스와 눈 내리는 부활절'을 겪었으며 오순절(부활절 후의 제7일요일)이 되었을 때 당연하게도 봄은 오래 전에 떠나 있었다. 하지만 우리는 여전히 춥고 비가 내리는 날들을 겪었으며 밤에는 서리가 내렸다. 겉으로 보이는 것으로 판단하자면 보통은 쾌적한 달인 유월이라는 것을 모르는 자연이 실수를 한 것처럼 보였다.

태양만은 정확했다. 태양은 달력에 명시되어 있듯이 그 해 6월 9일에는 정확하게 4시 30분에 떠올랐으며, 자연의 이치에 따라 정확하게 7시 30분에 저물었다. 여름으로 다가가는 시기였으므로 낮은 길어지고 밤은 짧아지던 시기였지만 태양이 홀로 날씨를 좌우할 수는 없는 것이어서 비록 태양의 진행 경로를 누구보다 더 정확하게 계산해낼 수 있는 천문학자들도 "모레 날씨는 어떻게 될 것 같은가요?"라는 질문에는 당황하게 된다.

특히 농부들을 위한 일부 달력에는 황당하게도 날씨에 대한 예언이 포함되어 있다. 이러한 잘못된 활용으로 마음에 품게 될 어리석은 미신에는 분노하지 않을 수 없다. 더욱 나쁜 것은 대단히 부끄럽게도 그런 것들을 인쇄하는 사람들 스스로도 그런 것을 믿지 않는다는 사실이다. 하지만 시대와 관습에 따라 필요성을 인정받은 것으로 생각하면서 쉽게 믿어버리는 대중들에게 그런 정보를 제공하는 것이다.

기후에 대한 지식을 다루는 이번 장의 주제는 자연과학의 중요한 갈래인 과학이다. 하지만 이 분야는 이제 막 발달하고 있는 중이므로 현재까지는 제대로 된 성과를 이끌어내지 못하고 있다.

가까운 미래에는 어느 특정한 지역의 날씨를 미리 알려줄 수 있을 것이다. 하지만 현재로선 불가능하다. 만약 시시때때로 어떤 사람들이 행성과 같은 것들을 참고하여 어느 특정한 지역의 날씨를 미리 계산하고 예측할 수 있다고 발표한다면, 날씨를 예언하는 달력만큼이나 신뢰할 수 없다고 인정해야 한다.

앞에서 날씨를 며칠 전에 예측할 수 있을 것이라고 했다. 현재의 과학은 그렇게 할 만큼 충분히 발달했다. 하지만 그 목표를 이루기 위해서는 먼저 최고의 학술단체들이 탄생해야 한다.

날씨를 적절하게 관측하기 위해선 국토 전체에 걸쳐 각각 약 100km의 간격으로 관측소들이 건립되어야 한다. 이 관측소들은 통신선으로 연결되어야 하며, 신뢰할 수 있는 과학자들에 의해 관리되어야 한다. 그런 다음에 비록 짧은 기간일지라도 국토의 중심부에서 날씨의 상황을 미리 예측할 수 있게 될 것이다.

날씨의 변화는 자연과 대기의 움직임 그리고 습기의 총량과 바람의 방향에 좌우되기 때문이다. 날씨는 주로 육지 위를 가로지르는 대기의 흐름에 영향을 받는다. 대기의 흐름이 마주치는 곳에 따라 여기에서는 춥고 저기에서는 더우며, 여기에선 비가 오고 저기에서는 우박이나 눈이 내리게 된다.

미국의 일부 해변을 따라 전신기들이 설치되어 있다. 상당히 먼 곳에 떨어져 있는 선박들은 다가오고 있는 폭풍의 속도와 방향에 대한 뉴스를 수신한다. 전신은 바람보다 더 빠르므로 선박들은 그 뉴스를 수신하고 제때 진로를 결정하게 된다. 폭풍이 닥쳐오기 전에 그들은 경보수단을 갖출 수 있게 된 것이다.

이것은 새로운 과학을 향한 엄청난 도약이다. 하지만 국가 전체의 모든 곳에 그런 관측소들이 건설되기 전에 기상학은 진정한 중요성을 널리 알리게 될 것이다. 다른 모든 과학분야처럼 기상학은 확고하게 확립된 규칙들로 쉽게 계산되고 검증될 수 있기 때문이다. 반면에 그러한 규칙들을 방해하게 되는 변덕스러운 조건들에 대한 허용오차는 인정되어야 할 것이다.

이제 독자들에게 이러한 확립된 원칙들을 소개하려 한다. 그리고 변덕스러운 조건들에 대해서도 설명하려 한다.

제2장
여름과 겨울의 기후에 대해

앞에서 설명했듯이 날씨와 관련된 일정불변한 규칙들이 있다. 이 규칙들은 단순해서 계산하기도 쉽다. 하지만 우리의 계산 결과는 종종 우리의 한계를 뛰어넘는 매우 다양한 상황들에 의해 방해를 받게 된다. 그런 상황들은 너무 많아서 우리는 규칙보다 예외들에 더욱 많은 영향을 받게 된다.

이런 예외적인 상황들은 태양과 연관된 지구의 위치에 근거한다. 천문학은 굳건한 기둥들이 받치고 있는 과학이기 때문에 그것들은 측정하기 쉽다. 그리고 비록 이 세상에는 별들만큼이나 멀리 떨어져 있는 것은 없지만, 이 세상에 별자리의 진행 방향과 그것들의 거리에 대한 우리의 지식만큼 확실한 것이 없기도 하다.

어쩌면 많은 독자들이 뉴욕에서 신시내티까지의 거리보다 지구에서 태양까지의 거리를 더 정확하게 알고 있다는 것을 듣게 되면 깜짝 놀라게 될 것이다. 실제로, 천문학 지식은 이 세상에서 가장 신뢰할 수 있는 것이다. 옷감 한 조각을 전혀 오차 없이, 최소한 300분의 1 단위까지 재단할 수 있는 상인은 없다. 반면에 태양계에 있는 천체들의 거리에 대한 불확실성은 최대한으로 잡아도 300분의 1이 되지 않는다.

우리의 지구는 24시간마다 축을 따라 회전하며, 1년에 한 번씩 태양의 둘레를 돌고 있다. 하지만 지구의 축은 지구의 궤도 방향으로 기울어져 있다. ─ 궤도는 어떤 천체가 다른 천체 둘레를 공전하며 그리는 운행 경로이다. ─ 그런 방식으로 태양 주변을 도는 궤도에서 지구는 여섯 달 동안 한 면에 빛을 빈으며 여섯 달 동안 다른 면이 빛을 받게 된다. 그래서 북극에서는 1년에 여섯 달 동안 낮이 지속되며, 그 다음 여섯 달 동안은 연속적으로 겨울이 이어진다.

이와 똑같은 방식으로 남극에서는 낮이 여섯 달 동안 지속되며 밤이 그와 똑같은 시간 동안 이어진다. 하지만 양극 사이에 있는 중간지대인 적도 주변의 지역에서는 일년내내 12시간이 낮이며, 당연히 밤도 똑같다. 반면에 적도와 양극 사이에 있는 나라들에서는 낮과 밤의 길이는 일년내내 지속적으로 변한다.

그러므로 북반구에 살고 있는 사람들은 북극에 여섯 달 동안 낮이 지속되는 시기가 오면 북미는 적도와 북극 사이의 중간쯤에 위치해 있으므로 낮이 길고 밤은 짧아진다. 남반구에 위치한 국가들의 거주자들은 그 시기에 낮이 짧고 밤이 길어진다. 하지만 북극에 여섯 달의 밤과 남극에 여섯 달의 낮이 지속되는 시기가 되면 남반구의 거주민들은 낮이 길어지고 미국에서는 밤이 길어진다.

낮과 밤의 길이와 긴밀하게 연결되어 있는 것이 계절이다. 특히 여름과 겨울이 그렇다. 태양빛과 함께 열이 발생하기 때문이다. 그러므로 긴 낮이 이어지는 동안 태양의 광선이 땅을 뜨겁게 달구기 때문에 무척 더워진다. 낮이 짧은 기간 동안에는 태양의 따뜻한 빛이 지구에 직접 도달하지 않기 때문에 추위를 겪게 된다. 이런 이유로 남반구가 겨울일 때 북반구는 여름이 되는 것이다. 그 반대의 경우도 마찬가지다. 미국이 한겨울일 때, 다른 반구의 사람들은 한여름이다. 미국에서 크리스마스에 눈이 쌓이고 밝게 불을 밝힌 방 안의 따뜻한 화롯가에서 즐거움을 만끽하고 있을 때, 어쩌면 호주로 이민을 간 친구와 친척들을 생각하면서 이 추운 날에 어떤 일들을 겪고 있는지 그리고 휴가철을 어떻게 보내고 있는지 궁금해질 것이다.

그런데 이런 사실을 잘 모르는 사람이라면 호주에서 크리스마스에 써서 보낸 편지를 받는다면 깜짝 놀라게 된다. 한낮의 끔찍한 더위를 피해 포도나무 그늘 아래에서 크리스마스를 보내고 있으며, 한밤중이 되어서야 방으로 들어가는데 더위 때문에 거의 잠을 이룰 수 없다는 소식을 듣게 되는 것이다.

지식이 없었던 사람들은 이제 미국은 북반부에 있지만 호주는 남반부에 있으며, 미국이 눈 속에 파묻혀 있을 때 그곳에서는 한여름을 보내고 있다는 것을 알게 될 것이다. 호주에서는 8월에 눈이 온다는 소식을 듣고 더 이상 놀라지 않게 될 것이며 그곳에 살고 있는 친구와 친척들이 난롯가에서 편히 쉬면서 등잔불을 밝히고 고향에서 온 편지를 읽고 있는 그 때 미국에서는 여름날의 그늘 속에서 오후의 산책을 하고 있다는 것에 놀라지 않게 될 것이다.

하지만 여름의 열기가 전적으로 낮의 길이에 좌우되는 것은 아니며, 겨울의 추위도 낮이 짧아서만 그런 것도 아니다. 다만 여름철에는 정오의 태양이 머리 바로 위에 있으므로 직사광선이 땅에 강한 열을 내리꽂을 수 있으며, 겨울철에는 정오의 태양이 지평선에 좀 더 가까이 있으므로 태양광선이 땅에 비스듬하게 쏟아져 약한 힘으로 땅에 열을 전달하기 때문이다.

　이제 우리는 이러한 태양의 위치가 날씨에 커다란 영향을 끼친다는
것을 알게 되었다.

제3장

대기의 흐름과 기후

기후의 조건들을 완전하게 이해하기 위해 다음과 같은 것들을 세심하게 살펴보아야 한다.

비록 태양이 여름과 겨울을 만들어내고 태양빛이 열을 불러일으키며, 열이 없으면 지구의 표면에 극심한 추위를 일으키게 되지만, 태양만이 '기후'를 좌우하는 것은 아니다.

만약 태양의 영향만이 효과를 발휘한다면 모든 계절들에는 아무런 변화도 없을 것이다. 일단 춥거나 따뜻하다면 일년내내 변함없이 그렇게 유지될 것이다. 하지만 태양은 대기에 일정한 움직임을 만들어낸다. 대기의 움직임 또는 바람은 추운 나라들에서 따뜻한 나라들로 불어오거나 그 반대의 경우에도 마찬가지다. 이것이 우리의 하늘을 흐리거나 맑게 만들며, 비와 햇빛을 만들며, 눈과 우박, 여름에 선선한 바람이 불게 하거나 한겨울에 가끔씩 따뜻하게 만든다. 또한 여름에는 밤을 시원하게, 겨울에는 밤을 따뜻하게 만든다. 다시 말해 우리가 '날씨'라 부르는 것을 만들어내는 것은 대기와 바람의 움직이라는 것이 보다 적절할 것이다.

즉, 열기에서 냉기로, 건조 상태에서 습기 찬 상태로 변화할 수 있는 모든 것을 날씨라는 한 가지 명칭으로 나타낼 수 있을 것이다.

하지만 바람은 언제 일어나는 것일까? 바람은 태양의 열이 대기에 영향을 끼쳐 발생한다.

지구 전체는 '대기'라 부르는 또렷하지 않은 덮개로 둘러싸여 있다. 이 대기는 열을 받게 되면 팽창하는 특이한 성질을 갖고 있다. 공기로 가득 채워 단단히 묶은 풍선을 뜨거운 난로의 통풍관 속으로 밀이 넣는다면, 그 안의 공기는 팽창하게 되고 풍선은 커다란 폭발음을 낼 때까지 팽창하게 된다. 따뜻하게 팽창된 공기는 차가운 공기보다 가벼우며 언제나 대기 속으로 올라가게 된다.

따뜻한 공기가 천장을 향해 올라가기 때문에 층고가 높은 방은 난방이 어렵다. 모든 방에서 천장에 가까운 쪽보다 바닥에 가까운 곳이 훨씬 더 서늘하다. 이것이 바로 겨울에 비록 털양말로 따뜻하게 감쌌지만 종종 맨손보다 더 차갑게 느끼는 야릇한 사실에 대한 이유이다. 만약 엄청나게 추운 방에서 사다리를 타고 오른다면 방 아래쪽보다 위가 훨씬 따뜻하다는 것을 알고 놀라게 될 것이다. 가을에 파리들이 천장에서 기어다니는 것은 이런 이유 때문이다. 바닥 가까운 곳은 서늘하지만 천장은 여름처럼 따뜻하기 때문이다. 차가운 공기보다 따뜻한 공기가 상승하는 환경이 원인인 것이다.

이것과 정확하게 똑같은 일이 지구에서도 일어난다. 적도 근처의 뜨거운 지역에서는 태양이 대기를 끊임없이 가열하므로 그곳의 대기는 상승한다. 하지만 그렇게 해서 만들어진 진공 상태를 채우기 위해 북반구와 남반구로부터 차가운 대기가 끊임없이 적도로 밀려온다. 이 차가운 대기도 가열되어 상승하게 되고, 또 다른 차가운 대기가 그 뒤를 이어

밀려온다. 적도를 향한 이러한 대기의 지속적인 움직임에 의해 지구의 양극지대 모두 진공이 만들어지고 적도의 가열된 대기는 상승한 이후에 그 두 곳에 만들어진 진공을 향해 흘러간다.

그러므로 대기는 양쪽 극지의 아래쪽으로부터 적도로 흘러가 적도로부터 양쪽 극지의 높은 곳으로 돌아가며 순환한다고 말한다.

자연현상을 관찰하는 습관이 있는 사람이라면 종종 연기로 가득 차 있는 방의 창문을 열었을 때, 그와 같은 일이 발생하는 것을 보았을 것이다. 연기는 위쪽으로 빠져나가지만 아래쪽에서는 방으로 다시 돌아오는 것처럼 보인다.

하지만 이것은 다음과 같은 사실에서 비롯된 착각이다. 즉, 방의 위쪽에 있는 따뜻한 공기는 창문을 통해 빠져나가면서 당연히 연기를 끌고 간다. 하지만 창문 아래쪽에서 바깥에서 들어오는 차가운 공기가 아래쪽에 있는 연기를 방안으로 몰아가는 것이다. 세심한 관찰자는 위쪽과 아래쪽의 두 가지 공기의 흐름이 정반대의 방향으로 이동한다는 것을 알아차릴 것이다. 반면에 방의 한가운데에서는 서로를 밀어내면서 소용돌이 같은 것이 형성된다는 것을 연기의 움직임을 보면 명확하게 알 수 있다.

지구에서 발생하는 현상도 이것과 전혀 다르지 않다. 이제 이런 현상이 우리의 기후에 커다란 영향을 끼치고 있다는 것을 알게 되었다.

제4장
기상학의 변치 않는 규칙들

대기는 뜨거운 지역에서 지속적으로 상승하여 양 극지를 순환한 후 다시 적도로 돌아온다는 것이 바람의 가장 주요한 원인이 된다. 바람은 대기의 온도를 변화시킨다. 지구 양극으로부터 차가운 바람이 적도로 유입되면서 뜨거운 지역을 식혀주고, 적도에서 양 극지로 이동하는 뜨거운 공기가 차가운 지역을 덥혀주기 때문이다. 이것이 추운 나라들에서도 실제로는 지나치게 추워지지는 않게 되는 이유이다. 그리고 만약 공기가 지속적으로 안정되어 있다면 더운 나라들에서 나타나게 되었을 지나치게 뜨거운 기온이 절대로 발생하지 않는 이유이다.

앞서 언급했듯이 지구에는 두 가지의 서로 다른 바람만이 존재하며 정해진 방향으로 이동한다. 극지에서 적도를 휩쓸고 가는 바람을 '북풍'이라 부르며, 적도에서 차가운 지역으로 흘러가는 바람은 '남풍'이라고 부른다.

여기에 지구의 자전이 더해져 바람의 흐름에 막대한 변화를 일으킨다. 잘 알려져 있듯이 지구는 24시간에 한 번씩 서쪽에서 동쪽으로 축의

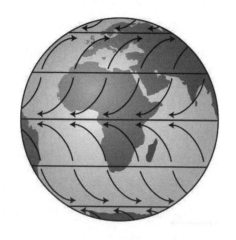

둘레를 돌고 있으며, 대기 역시 이러한 자전을 수행한다.

지구가 자전축을 중심으로 서쪽에서 동쪽으로 하루에 한 바퀴씩 회전하는 것을 말한다. 적도에서 지구의 자전 속도는 시속 1,660km이다.(*지구의 자전속도는 적도를 기준으로 초속 465m/sec: 시속 1675km/h이며 우리나라 위도인 37° 기준으로 초속 371m/sec: 시속 1337km/h)

하지만 적도 근처의 대기는 극지 인근의 대기보다 더 빠른 속도로 이동하기 때문에, 잠깐만 생각해보면 극지에서 적도를 향해 지표면을 이동하는 공기는 공기 자체보다 더 빠르게 동쪽으로 이동하는 지구 위를 통과하게 된다는 것을 쉽게 이해할 수 있다. 이와는 반대로 뜨거운 지역에서 유입되는 공기는 동쪽 방향으로 적도에 있었던 속도로 출발한다. 하지만 그렇게 이동해가면서 더 느린 속도로 돌고 있는 지구의 일부를 통과하게 된다.

이런 사실이 항해술에 대단히 중요한 '무역풍'을 일으킨다. 우리가 있는 반구에서는 무역풍이 북동쪽으로부터 하부의 대기층으로 유입된다. 상부의 대기층은 남서쪽에서 불어와 북동쪽으로 향한다. 다른 반구에서는 하부 대기층의 무역풍이 북서의 방향으로 이동해 가며, 상부에서는 남동의 방향으로 이동해 간다.

이것으로부터 기후와 관련된 법칙들이 나타난다.

바람과 날씨가 전혀 다른 두 가지 현상이라는 생각은 잘못된 것이다. 날씨는 단지 대기의 상태일 뿐이기 때문이다. 추운 겨울, 추운 봄, 추운 여름 그리고 추운 가을은 일부 사람들이 믿는 것처럼 그들이 살고 있는 지구의 그 부분이 평상적인 것보다 더 춥다는 의미는 아니다. 만약 땅에 구멍을 파고 들어간다면 춥거나 따뜻한 날씨는 지표면 아래의 온도에는 아무런 영향도 끼치지 않는다는 것을 알게 될 것이기 때문이다.

지표면 아래로 파고 들어가면 한낮의 열기와 밤의 냉기 사이의 차이를 전혀 느낄 수 없다. 깊은 우물에서도 가장 더운 여름과 가장 추운 겨울 사이의 차이를 알아차릴 수 없다. 지표면 아래에는 온도의 차이가 없기 때문이다. 우리가 날씨라고 부르는 것은 대기의 상태일 뿐이며 오직 바람에 의해서만 좌우된다.

앞에서 변치 않는 기후 법칙들이 있다고 했다. 달리 표현하자면 바람의 움직임을 지배하는 법칙들이라 할 수 있다. 또한 이러한 법칙들을 방해하는 대단히 많은 원인들도 있다.

이러한 법칙들은 첫째로는 태양의 경로에 의해, 둘째로는 극지에서 적도로 그리고 다시 돌아가는 공기의 순환에 의해, 셋째로는 무역풍을 발생시키는 지구의 자전에 의해 일어난다는 것을 알고 있다.

이처럼 다양한 문제들은 모두 정확하게 계산되어 있다. 그리고 이것에 따라 우리는 지금 기상학의 단단한 기초를 마련하게 되었다. 하지만 다음의 설명에서 우리는 이 새로운 과학의 진로에 어떤 장애물들이 놓여 있는지를 확인하고, 쉽게 계산될 수 없게 만드는 이러한 방해물들을 살펴보게 될 것이다.

제5장
날씨와 관련된 공기와 물

이제 규칙적인 공기의 흐름을 방해하면서 날씨에 엄청난 불규칙성을 만들어내는 원인들을 알아보기로 하자.

가장 주요한 원인은 모든 지역의 공기나 땅이 똑같은 조건이 아니라는 것이다.

빨래한 옷을 한번이라도 널어본 사람이라면 공기가 축축한 대상을 통과해 가면서 습기를 흡수한다는 것을 잘 알고 있다. 빠르게 옷을 말리고 싶다면, 바람이 많이 부는 곳에 옷을 널어야 한다. 햇빛보다 바람이 옷을 더 잘 말리는 이유는 무엇일까?

건조한 공기는 축축한 물건과 마주쳤을 때 그 습기를 흡수하여 그 물건을 어느 정도 마르게 한다. 만약 바람이 전혀 없다면 습기를 머금은 공기는 그 축축한 옷 근처에 머물게 되므로 아주 천천히 마르게 된다. 하지만 약간의 바람이라도 분다면 습기를 머금은 공기는 멀리 사라지고 건조한 새로운 공기가 지속적으로 그 자리를 차지하게 되면서 아주 짧은 시간 내에 원했던 결과를 얻게 된다. 그러므로 열만이 옷을 마르게 하는 것이 아니다. 겨울에는 비록 너무 추워서 빨랫줄에 널어놓은 옷들이 뻣뻣하게 얼어버리기도 하지만 바람만 잘 분다면 마르게 된다. 새로운 공기를 끊임없이 통과하도록 밀어내는 바람이 옷을 말리는 것이다. 이와 똑같은 이유로 방에 걸레질을 한 후 문과 창문을 모두 활짝 열어 공기가 완전하게 통할 수 있도록 하면 바닥이 빠르게 마른다. 벽난로의 활활 타는 불은 즉각적인 효과를 나타내지 못한다.

이런 것들로부터 우리는 공기가 물 입자를 흡수한다는 사실을 알게 되었다. 열린 창문가에 며칠 동안 놓아둔 컵 속의 물이 계속 줄어들어 결국에는 완전히 사라지게 되는 이유를 이제 모두 명확히 알게 되었다. 물은 어디로 가버린 것일까? 컵이 완전히 비게 될 때까지 공기가 조금씩 빨아들여 결국에는 모두 사라지게 되는 것이다.

이렇게 물어볼 수도 있겠다.

"그러면 공기는 그렇게 빨아들인 물로 무엇을 하는 것일까요? 공기는 바다를 가로지르고, 호수, 강, 시내 그리고 샘물, 숲과 들판 그리고 모든 곳에서 물의 분자들을 받아들이는데, 그것들은 어떻게 되는 것일까요?"

흡수된 후에 물 입자는 합쳐져서 구름을 형성한다. 그 후에 안개와 비, 눈 또는 우박의 형태로 땅으로 떨어져 내린다.

교육을 받은 사람들 중에도 이러한 대기의 현상에 대해 잘못된 생각들을 갖고 있는 경우가 많다. 어떤 사람들은 구름은 비를 담고 있는 일종의 자루이며, 비는 구름에 의해 떨어지는 것이라고 생각한다. 이것은 전혀 잘못된 생각이다. 구름은 대기의 상층부에 있는 안개일 뿐이며, 안개 자체는 대지 바로 위에 있는 구름일 뿐이다.

안개와 비의 형성에 대한 정확한 생각을 갖는 것은 쉽다. 직접 관찰해보기만 해도 알 수 있다.

겨울에 손을 따뜻하게 하기 위해 입김을 불면 입김에 의해 손이 축축해진다. 창문에 입김을 불게 되면 물의 얇은 막으로 덮인다. 이것의 원인은 무엇일까? 이것은 우리가 내뿜는 공기에 우리의 혈액으로부터 나오는 물 입자가 포함되어 있다는 사실에서 비롯된다. 날씨가 따뜻할 때의 물 입자는 그 자체가 공기이기 때문에 눈으로 볼 수 없지만 공기가 차가워지는 순간 눈에 보이게 된다. 또는 겨울에 차가운 방에 있을 때 안개처럼 나타난다. 차가운 물체 위에 입김을 불면 물방울이 형성된다. 그것들은 얼게 되고 눈이 된다. 뿐만 아니라 매섭게 추운 날 오랫동안 야외에서 산책을 한 후에는 고드름처럼 수염에 들러붙기도 한다.

이것으로 물 입자들은 따뜻한 공기 속에서는 보이지 않지만, 공기가 더 차가워지면 안개처럼 보이게 되고, 더욱 더 차가워지면 빗방울처럼 보이고, 아주 추운 날씨에는 눈이 되지만 혹독하게 춥다면 얼음이 된다.

제6장

안개, 구름, 비 그리고 눈

공기는 지구의 모든 부분에서 물 입자를 빨아들이므로 우리의 호흡과 마찬가지로 수분을 담고 있으며, 똑같은 작용을 한다.

물 입자를 포함하고 있는 공기층이 더 차가운 공기층을 만나면 가벼운 물 입자들은 그 즉시 함께 흐르면서 안개를 형성한다. 앞에서 설명했듯이 안개는 일종의 구름일 뿐이다. 산악지대를 여행하는 사람들은 이런 현상을 자주 보게 된다. 계곡에서 바라보면 높은 산꼭대기가 구름에 휩싸여 있는 것으로 보인다. 그래서 산을 올라가 그 구름을 관찰해보고 싶다는 생각을 하게 된다.

하지만 산꼭대기에 도착했을 때, 어디에서든 평상시에 산 아래에서 보던 안개 외에는 아무것도 보지 못한다. 구름이 안개와 다른 어떤 것이라고 믿고 있는 사람이거나 산 밑에서 보았던 구름이 산을 오르는 동안 안개만 남기고 사라졌다고 생각했던 사람이 다시 산 밑에 도착하면 산꼭대기에는 여전히 구름이 있다는 것을 보게 될 것이며, 사실은 자신이 구름 사이를 걸어 다녔다는 것을 알게 될 것이다.

이제 우리는 공기 속의 물 입자들은 더 차가운 대기층과 마주치면 그 즉시 안개 또는 그와 똑같은 구름을 형성한다는 것을 이해하게 되었다. 아직 비가 되지 않은 구름이 비로 변화하는 것은 쉽게 추측해볼 수 있는 환경에 따라 좌우된다. 만약 더 따뜻하고 건조한 대기층이 새로 형성된 구름을 포함하고 있는 대기층 위를 지나쳐간다면, 더 따뜻한 이 대기층은 다른 대기층의 물 입자들을 흡수하게 될 것이다. 축축한 공기는 앞에서 언급한 축축한 옷과 같은 과정을 기친다. 즉, 따뜻하고 건조한 공기가 물 입자들을 흡수하게 되는 것이다. 하지만 더 차가운 공기층이 구름을 담고 있는 공기층에 접근하게 되면 후자의 물 입자들은 응축된다. 구름은 작은 물방울이 되며, 이 물방울들이 점점 더 무거워지면서 대기 중에 머물 수 없을 정도가 되면 '비'가 되어 떨어지는 것이다.

떨어지는 동안 빗방울은 지나쳐 가는 공기의 물 입자들을 흡수하면서 점점 더 커진다. 그래서 빗방울은 아직 공기 중에 머물며 떨어지기 직전까지는 작은 물방울로 구성되어 있지만, 커다란 물방울의 형태로 땅에 도달하게 된다. 지붕 위에 떨어지는 빗방울은 거리에 떨어지는 것들보다 더 작다. 그 차이는 매우 커서 베를린과 프러시아에 있는 왕궁의 지붕 위로는 일 년 동안 건물 앞의 광장보다 훨씬 더 적은 비가 내렸다.

이제 독자들은 이와 비슷한 방식으로 눈이 형성되는 방법을 쉽게 상상해볼 수 있다. 습기를 잔뜩 머금은 공기층이 차가운 공기층을 만나게 되면 안개는 얼기 시작하면서 서서히 눈 알갱이가 된다. 이것 역시 떨어져 내리면서 크기가 늘어나면서 커다란 눈송이가 되어 땅 위에 떨어지게 된다.

도브 교수(Professor Dove)는 대기 중에서 눈이 형성되는 과정을 강의

하면서 한 가지 일화를 소개했다. 이 이야기는 재미도 있지만 교육적이기도 하다. 성 페테르스부르크의 어떤 음악가가 커다란 공연장에서 연주회를 열자 엄청나게 많은 사교계의 사람들이 몰려들었다. 다른 나라에서는 거의 겪어볼 수 없는 얼음장처럼 차가운 밤이었으며, 관객들로 북적이는 공연장은 엄청난 열기에 휩싸여 있었다. 빽빽하게 들어찬 관객들로 인해 공연장은 숨이 막힐 정도로 혼잡하여 몇몇 여성들이 기절할 정도였다. 관객들은 창문을 열려고 했지만 그럴 수가 없었다. 꽁꽁 얼어붙어 있었던 것이다. 그러자 용감한 장교 한 명이 앞으로 나서 창문을 깨버렸다. 그 후에 과연 어떤 일이 벌어졌을까?

'공연장 안에서 눈이 내리기 시작했다!' 어떻게 이런 일이 일어났을까? 공연장 안의 많은 사람들이 숨을 쉬며 내뱉은 수증기가 공기가 가장 뜨거운 위쪽에 모여 있었던 것이다. 깨진 창문을 통해 갑자기 들어온 몹시 차가운 공기가 물 입자들을 눈으로 변화시켰던 것이었다. 그래서 환기가 되지 않았던 연주장의 위쪽 공간에서 눈이 내렸던 것이다.

우박 또한 대기 속에서 이와 비슷한 방법으로 형성된다. 이것에 대해서는 나중에 조금 더 자세히 살펴보기로 하고, 지금은 추위와 더위에 끼치는 이러한 현상들의 영향을 더 알아보기로 하자.

제7장

열은 어떻게 공기 속에 숨어 있게 되며, 어떻게 다시 자유로워지는가

앞장에서 따뜻한 공기가 어떻게 증발작용을 일으키고, 차가운 공기가 어떻게 비와 눈을 내리게 하는지 알게 되었다. 이번 장에서는 그 반대의 경우가 어떻게 일어나는지 즉, 증발작용과 비에 의해 어떻게 추위와 더위가 발생되는지를 알아보기로 하자.

이제부터 증명하려는 사실은 확고하게 정립되어 있지만 이해하기는 쉽지 않다. 이런 이유 때문에 '자유롭고 숨어 있는 열'에 대한 글을 충분히 읽어본 사람들도 대부분 잘못된 생각을 갖고 있다.

모든 사람이 이해할 수 있도록 다시 한 번 실생활 속에서 예를 들어 설명하기로 하자.

물이 어떻게 끓게 되는지는 누구나 알고 있다. 불 위에 올려놓으면 열이 물에 전달되면서 점점 더 뜨거워진다. 그렇다면 불의 열은 어디로 간 것일까? 열은 물이 가져간 것이므로 물이 열을 흡수했다고 말한다.

이것이 빈 냄비에 비해 요리 재료가 담긴 냄비가 더 느리게 뜨거워지는 이유이다. 열의 일부분이 요리 재료에 흡수되어 천천히 가열되기 때문이다.

주전자에서 끓인 물을 방안의 어딘가에 놓는다면 그 결과는 어떻게 될까? 물의 열은 어디로 가게 되는 것일까?

이 경우에 물의 온도가 점점 낮아진다는 것은 누구나 알고 있다. 물은 열을 밖으로 내보낸다. 이제 물은 불 위에 있는 동안 열을 흡수하며, 차가운 곳에 놓아두면 그 열을 밖으로 내보낸다는 것을 알게 되었다.

하지만 지속적으로 열을 흡수하도록 한다면 물은 어떻게 될까? 만약 끓기 시작한 주전자의 물을 계속 불 위에 놓아두면 어떻게 될까? 그 물은 계속해서 열을 흡수하는 것일까?

관찰 결과 그렇지 않다는 것이 확인되었다. 끓고 있는 물속에 온도계를 넣으면 즉시 100도로 올라간다. 그곳에 온도계를 오랫동안 놓아두어도 온도가 더 높게 올라가지는 않는다. 하지만 불이 활활 타오르는 동안에는 열이 지속적으로 물로 전달된다는 것은 분명하다. 그렇다면 이 열은 어디로 가는 것일까? 열은 물속에 머무르지 않는다. 그렇지 않다면 온도는 계속해서 상승해야 한다.

그렇다면 지속적으로 날아올라 방안을 떠돌아다니는 매우 뜨거운 수증기와 함께 사라진 것이다. 더 나아가, 그 물을 계속해서 끓이면 양이 줄어든다는 것은 잘 알려져 있다. 주부들은 이것을 '졸아들었다(boiling down)'고 한다. 하지만 사실 그 물은 '끓어 올라간boils up' 것이다. 세심하게 살펴보았다면 물의 일부는 끓으면서 증기로 변하며 이 증기는 주전자에서 솟아올라 공기 속으로 올라가고 있는 것을 알게 될 것이다.

여기에서 자연스럽게 한 가지 질문이 떠오르게 된다. 끓고 있던 물이 지속적으로 흡수하던 열은 어디로 갔을까? 열은 물속에 머물지 않으며, 온도는 계속해서 상승하지 않는다. 대답은 이제 명확하다. 열은 수증기와 함께 떠올라 공기 속을 떠돌고 있는 것이다. 다른 말로 하자면, 열은 수증기에 흡수된 것이다. 또는 열은 수증기 속에 숨어 있게 된 것이다. 그러므로 '물을 수증기로 변화시키려 열을 가져갔다'고 말하는 것이 정확하다. 이제 우리는 열이 어디로 갔는지 알게 되었다. 열은 수증기 속에 숨어 있게 된 것이다.

그 다음의 질문은 '숨어 있는 열이 다시 풀려날 수 있을까?'일 것이다. 분명하게도 그럴 수 있다. 비록 그것에 대해 깊게 생각해보지는 않았다 해도 대부분의 사람들은 매우 자주 경험을 통해 알고 있다.

무심결에 끓고 있는 찻주전자의 주둥이 부근에 손을 대면 마치 손이 축축해지는 것처럼 느끼면서 데이게 된다. 어떻게 이런 일이 생기는 것일까? 손은 수증기에 의해 축축해지고, 수증기는 손과 접촉하면서 다시 물로 변하지만, 그와 동시에 손을 데이게 하면서 열을 손으로 넘겨주는 것이다. 그러므로 수증기는 물로 변화하면서 숨어 있던 열을 다시 넘겨주는 것이다. 또는 숨어 있던 열이 자유로워지는 것이다.

부엌에서 목격할 수 있는 이 현상이 자연에서는 더욱 큰 규모로 일어난다. 얼마나 강력한 효과들을 수반하게 되는지는 다음 장에서 알아보기로 하자.

제8장

숨어 있는 열이 냉기를 만들어낸다

물이 가열되었을 때 수증기로 변화하는 과정과 수증기가 형성되는데 필요한 모든 열을 어떻게 흡수하는지를 관찰해본 사람은 수증기가 충분히 형성되어 있는 곳이 더 시원해진다는 것을 쉽게 이해한다. 요리를 하기 위해 사용되는 불이 스토브 자체를 뜨겁게 할 수 없듯이 지구 표면의 물을 수증기로 변화시키는 역할을 하는 태양열은 지구를 뜨겁게 할 수 없다. 그러므로 물이 증발하는 곳은 어디에서나 공기가 '서늘하게' 바뀐다. 열이 공기에 전달되는 대신 수증기를 만드는데 사용되기 때문이다. 그렇다면 이 수증기는 그것을 형성하는데 필요한 열과 동일한 몫의 열을 포함하고 있다. 또는 과학적으로 말해서, 수증기는 열을 잠복시킨다.

숨이 막힐 듯이 뜨거운 여름에 엄청난 소나기가 내리면 종종 쏟아져 내리기 전보다 비가 오는 동안 더욱 숨이 막힐 지경이 되곤 한다. 하지만 비가 온 후에 날씨는 흔히 말하듯이 '선선해진다.'
그 원인은 무엇일까? 비가 온 후에 지표면은 축축해지고 습기가 증발하기 시작한다. 다른 말로 하자면, 빗물이 다시 수증기로 변하는 것이다. 그러기 위해서는 열이 필요하며 공기와 지표면으로부터 열을 거두어들이게 되어 공기와 땅이 시원해지는 것이다.

여름철 동안 도시의 거리에 물을 뿌리는 것은 대단히 합당한 일이며 대단히 위생적이기도 하다. 거리에 뿌려진 물은 증발하여 열을 잠복시키므로 공기를 시원하게 만든다.

하지만 반대의 경우도 발생한다. 수증기가 손에 닿으면 물로 변화하면서 손이 데이듯이 즉, 수증기가 다시 물로 변화하면서 갖고 있던 열을 넘겨주듯이 자연도 그렇게 작용한다. 공기 중의 수증기가 비가 될 때, 잠복시켜 간직하고 있던 열을 내보낸다. 그래서 비나 눈보라가 내리기 '전'에 날씨는 따뜻하게 바뀐다.

겨울에 날씨가 갑작스럽게 약간 따뜻하게 변했다면 즉, 추위가 갑자기 누그러들었다면, 우리는 눈이 오려고 하는 것임을 알게 된다. 날씨가 따뜻해진 유일한 이유는 하늘 위의 공기에서 수증기가 눈으로 변화하면서 열을 내보내고 그 결과를 우리가 느끼는 것이다. 그러므로 태양이 타오르는 여름철에 사람들은 '태양이 물을 빨아들이니 비가 올 것이다'라고 말하지만, 사실은 공기 중의 수증기가 물로 변화하는 것이며, 그로 인해 간직하고 있던 열을 내보내기 때문에 사람들은 태양이 더 뜨거워지고 있는 것이라고 생각하는 것이다.

이런 현상의 또 다른 영향은 물이 풍부한 나라들에서는 여름의 공기가 훨씬 더 시원하다는 사실이다. 그곳에서는 물이 풍부하게 증발되므로 그로 인해 열이 흡수되거나 숨겨지기 때문이다. 그런 나라들에서는 겨울에 공기가 더 따뜻하다. 풍부한 수증기가 물로 변하면서 열이 방출되기 때문이다.

114

이런 모든 것들이 날씨에 커다란 영향을 끼친다는 것은 분명하며, 이런 영향은 미리 계산될 수 있을 것이다.

　한 가지 예를 들어보자. 베를린과 런던의 위치는 여름의 더위와 겨울의 추위가 모두 동일해야 한다. 하지만 영국은 바다에 있는 섬이어서 엄청난 양의 물로 둘러싸여 있기 때문에 런던에서는 물이 훨씬 더 많이 증발된다. 그래서 런던의 여름은 더 시원하다. 마찬가지 이유로 비와 안개가 훨씬 더 자주 발생하며 그로 인해 겨울에는 덜 춥다.

　이제 우리는 어떻게 비슷한 조건들이 모든 나라에 얼마나 커다란 영향을 끼치는지 그리고 그로 인해 법칙과는 반대로 종종 서늘한 여름과 따뜻한 겨울을 만드는지를 알게 되었다.

제9장
날씨와 관련된 법칙들 그리고 동일한 장애물들

기후 현상들을 잠시만 살펴보면 실제로 기후는 계산이 가능하며 커다란 나라들일지라도 어느 정도는 확실하게 전반적인 날씨를 예측할 수 있다는 것을 알게 된다. 뿐만 아니라 날씨가 전혀 변덕스럽지 않으며, 규칙적인 시기와 정해진 법칙에 따라 변화하는 나라들도 있다.

태양열이 대단히 강한 적도 인근의 나라들에서는 더위와 고요함 그리고 건조함이 여름철 내내 이어진다. 이런 기후 상태는 겨울이 될 때까지 끊임없이 지속된다. 겨울에도 태양의 광선이 아주 조금 비스듬하게 지표면에 내리쬐기 때문에 서리도 전혀 내릴 수 없다. 하지만 태양은 더 이상 똑같은 온도로 지면을 뜨겁게 하지 않으므로 공기는 똑같은 양의 열을 간직하고 있지 않으며 엄청난 양의 차가운 공기가 양극지로부터 끊임없이 유입되므로 위에서 언급한 수증기는 물로 변화한다. 그러므로 그곳의 겨울은 단지 길고도 끊임없이 비가 내리는 계절일 뿐이다.

우리는 따뜻한 나라에서는 기온의 법칙이 비교적 일정하고 명확하다는 것을 알고 있다. 그곳에서는 불규칙적인 날씨 때문에 놀랄 일이 없다. 여름은 덥고, 고요하며 건조하다. 겨울에는 동풍이 불고, 천둥 번개가 치며 폭우가 내리고 지속적으로 비가 온다. 일단 비가 그치면 태양은 며칠 동안 다시 나타났다가 모든 과정이 다시 진행된다.

이런 일은 오직 적도 근처에 있는 나라들에서만 일어난다. 양극 지대로 다가갈수록 여름과 겨울, 낮과 밤의 길이, 더위와 추위 그리고 대기와 적절한 날씨의 조건이 더욱 다양하게 변한다.

지도를 잠깐 살펴본 사람이라면 누구나 기후는 무척이나 변화무쌍하다는 것을 납득하게 될 것이다. 이제 그 이유를 조금 더 자세하게 살펴보기로 하자. 미국은 극지와 적도 사이의 거의 중간쯤에 있다. 우리 쪽 극지대로부터 지속적으로 차가운 바람인 북풍을 받아들인다. 그리고 그 위쪽의 대기에서는 따뜻한 남풍이 적도에서 극지로 끊임없이 다가간다. 축을 중심으로 서쪽에서 동쪽으로 회전하는 지구의 자전을 통해 북풍은 동쪽으로 부는 바람 즉, 북동풍이 된다. 그리고 상층부 대기의 남풍은 남쪽으로 부는 남서풍이 된다.

차가운 나라에서 불어오는 북동풍에는 수증기가 전혀 없다. 그래서 북동풍이 불어오는 동안에는 맑은 하늘과 햇빛을 보지만 덥지는 않다. 만약 이 바람이 겨울에 발생하게 되면 건조한 서리를 몰고 온다. 낮 동안에는 태양이 밝게 빛나며 밤에는 별들이 반짝인다. 하지만 우리가 내쉬는 숨은 입술에 얼어붙는다. 초봄에 이 바람이 우세하게 되면 이글거리는 태양에도 불구하고 그늘에서는 상당한 냉기를 느끼게 된다.

이것은 자연스러운 일이며 반드시 그래야만 한다.

바람은 북쪽에서 불어온다. 그곳에서 얼음과 눈은 이제 막 녹기 시작하며, 태양열은 '녹이는 작업'에 사용되므로 공기는 많은 열을 받지 못하게 된다.

이런 종류의 날씨는 우리에게는 통상적인 것이지만 이미 알고 있듯이 뜨거워진 상층의 공기는 적도에서 북극으로 불게 된다. 이제 우리는 이 상층부 공기가 극지대를 향해 하강하고 때때로 지구의 표면에 접촉하므로 이따금씩 차가운 바람이 따라오는 따뜻한 공기의 흐름을 일으키는 바로 그 지역에 살고 있다.

적도 인근에서 이 차가운 공기의 흐름은 아래쪽으로 이동하며 따뜻한 흐름은 위쪽으로 이동한다. 우리 지역에서는 두 가지 흐름이 지표면 가까운 곳에서 마주치며 서로를 밀어내기 위해 다투면서 대지 위에서 급히 불어대다 회전하면서 모든 기상 예보하는 사람들을 당황하게 만들며, 기상학에 과학적 해결의 어려움을 엄청나게 증가시킬 정도로 다양한 날씨를 불러일으키는 것이다.

다음 장에서는 이렇게 벌어지는 일들의 상태와 더불어 지구상의 위치가 날씨의 변덕을 일으키는 주된 원인이라는 것을 입증해볼 것이다.

제10장
지리학적 위치와 관련된 변덕스러운 날씨

지금까지 날씨가 왜 그처럼 변덕스럽고 계산할 수 없는지를 설명했다. 지금까지 살펴보았듯이, 그 원인은 우리 지역에서 따뜻한 적도 기류가 더 이상 차가운 기류 위로 움직이지 않지만, 여기에서 하강하여 북풍의 방향과 함께 진행하면서 차가운 기류에 맞서게 된다. 이것이 종종 차가운 기류와 따뜻한 기류 사이에 싸움을 일으키게 되는 것이다. 여름에 우리는 그러한 전투를 매우 빈번하게 목격하게 된다. 처음에 하늘은 맑고 태양은 가장 강력한 광선을 내려 보낸다. 그늘 속에서 우리는 강한 바람을 맞으며 쉬고, 그 바람은 하늘을 맑게 하고 구름을 없애버린다.

그러다 갑작스럽게 바람이 잔잔해진다. 그늘 속에서도 이제는 더위를 견딜 수 없게 된다. 나무들은 전혀 흔들리지 않으며 불안한 기운을 일으킨다. 사람들은 "폭풍이 불기 전에는 언제나 고요하다."라고 말하며, 서둘러 집으로 피신하려 한다. 이제 곧 역풍이 불기 시작할 것이기 때문이다. 풍향계가 돌고 거리의 먼지는 소용돌이를 일으키며 솟아오른다. 그리고 여기저기에서 지붕 꼭대기까지 자욱한 먼지가 일어난다. 갑작스럽게 구름들이 형성되면서, 나무들이 흔들리고 나뭇잎이 바스락거리는 소리를 내다가 어느새 폭풍과 번개 그리고 사나운 비가 쏟아지면서 땅을 시원하게 적신다.

이 날씨는 어디에서 오는 것일까? 특히 회오리바람이 따라오기 전의 고요함은 어디에서 비롯된 것일까?

일정한 시간 동안은 서로를 피하지만 결국에는 우리의 머리 위에서 만나게 되는 두 가지 반대되는 기류가 있다. 처음에 각각의 기류는 동일한 힘으로 서로를 압박하면서 서로 정지된 상태로 머문다. 하지만 이런 평형상태는 그리 오래 지속되지 않는다. 결국 한 가지 기류가 다른 기류를 압도하기 때문이다.

기류들은 서로 빙빙 돌면서 먼지를 높게 일으키고 나무들을 덮치면서 흔들어댄다. 차가운 기류는 따뜻한 기류의 수증기를 구름으로 변화시킨다. 쏟아져 내리는 비는 즉시 더위를 식혀준다. 이 단계에서 번개, 천둥 그리고 공기의 진동과 같은 전기에 의한 현상들을 목격하게 된다. 이것은 하나의 기류가 다른 기류에 승리를 거둘 때까지 지속된다. 그 이후에 날씨는 다시 평온해진다.

북쪽과 남쪽에서 불어오는 대립하는 기류들 외에도 우리의 날씨를 교란시키는 다른 원인들이 있다. 즉, 동쪽과 서쪽과 관련된 미국의 지리학적 위치다.

지도를 잠깐 들여다보면 우리의 대륙이 동쪽과 서쪽으로 광막한 바다와 접하고 있다는 것을 알게 된다. 우리는 이제 그 물 위의 공기에는 언제나 수증기로 흠뻑 젖어 있으며, 대지 위의 공기는 비교적 건조하다는 것을 알고 있다. 그리고 습한 공기는 열을 담고 있으며, 건조한 공기는 그렇지 않지만 둘 다 끊임없이 평형상태를 이루면서 서로 온도를 교환하려 한다는 것을 알고 있다. 건조한 공기의 양쪽에 습한 공기가 둘러싸고 있으므로 대체로 더위와 추위를 모두 겪어야 하지만 풍부하게 비가 내린다는 운 좋은 환경을 갖게 된다. 그로 인해 우리의 토양에는 수분이 충분하여 이런 조건은 어떤 나라에서든 축복이다.

제11장

날씨 예측의 어려움과 가능성

　지금까지 날씨의 조건들에 관련된 법칙들을 설명했으며, 지리적인 위치로 인해 날씨 예측이 어렵다는 것을 알아보았으니, 지금까지 기상학에서 추구해왔던 잘못된 방향을 지적하는 것으로 이런 어려움을 조금 더 자세하게 살펴보기로 하자.

　어느 특정한 지역의 일기를 예측하는 데 있어 주된 어려움은 바로 대기의 변화가 그것이 발생한 지역에서 시작되는 것이 아니라는 사실에 있다. 그러므로 뉴욕의 내일 날씨는 오늘 그곳에 있는 대기의 상태에 따른 결과가 아니라는 것이다. 대기는 끊임없이 이동하며 많은 방해요인들로 인해 도시와 국가를 넘나들며 옮겨 다니기 때문이다. 우리에겐 내일 바람이 어디에서 불어오게 될 지를 확실하게 확인할 방법이 없다. 우리가 알고 있는 것은 대기는 모든 방향에서 동시에 이동한다는 것뿐이다. 북극에서는 차가운 대기가, 적도에서는 따뜻한 대기가, 바다에서는 습기를 머금은 대기가 불어온다는 것뿐이다.

　이 바람들은 모두 끊임없이 동요하고 있으며 지나쳐온 인접 지역의 특성을 띠고 있다. 오늘 뉴욕의 날씨 상태로부터 내일의 날씨를 예측하고 싶다면, 그 주변 약 1,000km의 공간을 두루 살펴볼 수 있어야 한다. 다시 말해, 그 도시의 약 1,000km 내의 대기 상태를 먼저 확인해야만 한다는 것이다. 게다가 이 넓은 지역 내에서 일어나는 모든 바람의 방향과 속도는 물론 습기를 얼마나 포함하고 있는지 알고 있어야 한다. 이런 정보 없이는 뉴욕에서 날씨의 변화를 발생시키게 될 속도를 계산할 수 없다. 두 가지 또는 그 이상의 대기가 만났을 때 나타날 결과와 이것이 어떤 종류의 날씨를 그곳에 만들어낼 것인지를 계산할 수 없는 것이다.

그러므로 현재 수준의 기상학에서 날씨는 단지 현존하는 현상들의 현존하는 조건들에 대한 연구 주제일 뿐이며, 앞으로 일어날 현상들을 예측하려는 주제는 아니다. 가장 근접하게 예보할 수 있는 일반적인 법칙들이 있다는 것은 사실이다. 만약 겨울이 온화하게 혹은 맑은 날씨로 시작한다면, 만약 남서풍과 비가 1월 중순까지 주로 나타난다면, 겨울의 후반기에는 북동풍에 의해 균형을 맞추게 될 가능성이 크다. 그러므로 '따뜻한 크리스마스와 눈 내리는 부활절'이라고 말하는 것은 옳지만, 의심할 여지가 전혀 없는 것은 아니다. 또한 맹렬한 폭풍우에 의해 반작용이 빨리 나타날 수도 있으며 온난한 대기에 의해 늦춰질 수도 있다.

나라 전체에 기상관측소가 건립되어 전신기로 연결되는 시대가 오기 전까지는 — 우리에게는 엄청난 일로 보이지만 우리의 후손들에게는 대단히 간단하고 자연스러운 — 뉴욕과 같은 도시가 모든 관측소에서 대기 상태에 대한 정보를 제때 받지는 못할 것이다. 이러한 각각의 장소에서 대기의 흐름, 온도, 습도 그리고 무게는 기구를 통해 정확하게 확인될 것이다. 그런 다음에서야 비로소 어떤 대기들이 어디에서 마주치며 그런 충돌이 어떤 결과를 일으키게 될 것인지를 계산할 수 있을 것이다.

만약 이런 측정이 토요일에 이루어졌다면, 일요일자 신문들은 교회를 가는 사람들에게 우산이나 양산을 지참해야 한다고 정확하게 전달할 수 있게 될 것이다.

하지만 일요일에만 이런 정보가 중요한 것은 아니다. 전신으로 연결된 기상관측소들이 건립되고 나면 그것들의 진정한 효율성과 고마움을 증명하게 될 것이다. 그리고 우리의 후손들은 아마도 우리들이 어떻게 그런 시설도 없이 살 수 있었는지 의이해 할 것이다. 우리의 선조들은 헛된 꿈이거나 마녀의 소행이라며 거절했던 가스등이나 철도를 우리가 편안하고 자연스럽게 받아들이는 것처럼 그들도 그렇게 될 것이다.

제7부

우리의 음식물들

제1장
혈액의 빠른 재생이 중요하다

우리의 식료품은 '생명의 물품'이라고도 불리며 실제로 그렇기도 하다. 우리 몸 안에서 살고 있는 것들은 실제로 우리의 몸으로 변형된 음식일 뿐이기 때문이다.

이런 사실에 따라 인간이 살기 위해 무엇을 먹어야 할지를 결정하는 것은 대단히 쉬운 일이다. 어떤 종류의 음식이 인간의 건강을 가장 잘 유지시킬 것인가? 무엇이 지속적으로 인간의 노동력을 회복시키는가? 호흡과 땀 그리고 배설로 겪게 되는 손실을 무엇으로 보충할 것인가?

이처럼 쉬운 과제에 대해 많은 사람들이 해결책을 제시했다. 사람들은 만약 신체의 모든 부분이 혈액에 의해 영양을 공급받는다는 것을 입증할 수만 있다면 이 문제를 해결한 것이라고 믿었다. 그리고 혈액의 성분은 잘 알려져 있기 때문에, 이러한 성분을 포함하고 있거나 소화를 통해 혈액이 될 수 있는 음식이 인간에게 가장 좋은 음식이라고 판단하는 것으로 충분하다고 믿었다.

일반적으로는 옳은 판단이지만 주요한 식재료에 대해 필요한 정보를 제공하기에는 충분하지 않다.

거의 감자만으로 연명하고 있는 가난한 아일랜드 사람들의 몸속에도 충분한 고기와 훌륭한 맥주 한잔을 먹을 만큼 돈을 받지 못한다면 파업하겠다고 위협하는 영국 노동자들만큼의 혈액이 있다. 아일랜드 사람의 혈액도 영국인들의 혈액과 똑같은 요소들을 포함하고 있지만 그들의 음식은 전혀 다르다. 영국인들은 '영양상태가 좋다'는 말을 듣지만 아일랜드 사람들은 그렇지 못하다.

혈액만으로 이 문제를 설명하지 못하며 설명할 수도 없다는 것은 분명하다. 다른 추가적인 항목들이 있어야만 하며, 다양한 식재료와 그 가치를 논의하기 전에 이것들에 대해 알아보기로 하자.

무엇보다 우리가 세워야 하는 첫 번째 원칙은 이렇다. 영양은 혈액에 좌우되는 것이 아니며, 오히려 혈액의 빠른 재생에 따라 좌우된다.

혈액은 한 사람이 소유하고 있는 자산과 비슷하다. 자신의 자산을 소비하지 않고 살아갈 수 있는 사람은 아무도 없다. 그는 그 자산의 이자로 살아야만 한다. 끊임없이 자산을 양도하며 살아야 하는 것이다. 혈액의 경우도 마찬가지다. 이 비유는 매우 완벽해서 실례를 들어 우리의 생각을 설명할 수 있다.

두 명의 상인이 각각 100달러씩만 갖고 있다고 상상해보자. 그러므로 그 두 상인은 자본금이 똑같다. 하지만 그들 사이에는 다음과 같은 차이점이 있다. 한 사람은 매주 두 번씩 시골에 가서 가축을 구입해 시장에 가져와 되판다. 이렇게 하여 그는 매번 5달러의 이익을 얻어 자본금에 보탠다. 다른 상인은 잡화점을 설립해 100달러 상당의 상품을 직접 구입해 한 달 내에 판매하여 25달러를 번다. 자, 이 두 사람 중 누가 더 장사를 잘하고 있는 것일까? 자신의 100달러로 25달러를 버는 잡화상일까 아니면 5달러만을 버는 가축상일까? 분명하게 가축상이 더 잘하고 있는 것이다. 잡화상은 25달러로 생활해야 하지만 가축상은 8×5 즉, 40달러로 생활한다. 이것은 어디에서 비롯된 것일까? 잡화상은 한 달에 한 번만 자신의 자본금을 양도하지만 가축상은 8번 양도한다.

이와 똑같은 상황이 아일랜드인과 영국인에게 적용된다. 둘 다 동일한 양의 혈액을 갖고 있다. 이것이 그들의 자본금이며 두 사람이 동일하다. 하지만 재생은 동일하지 않다. 영국인은 열심히 일하고 열심히 먹는다. 일할 때 그는 자신의 자본금인 혈액을 소비한다. 신체 활동은 물론 식욕도 왕성하다. 자신의 자본금을 거듭해서 급하게 연속적으로 투자하며 그만큼 빠르게 회수하면서 풍족하게 산다. 하지만 가난한 아일랜드인은 자신의 혈액을 매우 천천히 소비한다. 일자리가 없어 가난한 그들은 일을 하지 않으며, 주로 감자만 먹는다. 감자만을 먹을 경우 건강에 해로운 음식이 되므로 그는 자신의 자본금을 매우 천천히 투자하고 그래서 매우 천천히 회수하게 된다. 비록 자본금은 둘 다 똑같지만 혈액의 재생이 느린 아일랜드인은 비참하고 활기 없는 삶을 살게 된다. 반면에 영국인은 몸과 마음이 튼튼하다.

그러므로 혈액만이 모든 것이 아니며 혈액의 빠른 소비와 재생이 가장 중요한 목표인 것이다.

제2장
소화

　앞 장에서 혈액의 빠른 변환과 소비가 영양에서 중요한 문제라고 했다. 음식을 검토할 때 일과 필수적인 활동으로 소비한 혈액을 '빠르게' 대체할 수 있도록 해주는 음식만이 훌륭하고 건강에 도움이 된다고 밝혀야 한다. 그렇다면 화학자들이 단순히 내용물을 기준으로 음식을 검토하고 가치를 결정하는 것은 충분하지 않다. 식품이 얼마나 빠르고 쉽게 혈액으로 전환될 수 있는가를 주로 연구해야 한다.

　혈액에 필요한 것을 적게 포함하고 있지만 조금이라도 빠르고 쉽게 혈액으로 변환되는 것이 혈액의 구성요소들을 많이 포함하고 있지만 매우 느리고 어렵게 혈액으로 전환되는 것보다 훨씬 더 바람직하다.

　한 가지 예를 들어보기로 하자.

　곡물의 겉껍질인 순수한 겨에는 엄청나게 많은 식물성 알부민과 지방이 함유되어 있다는 것은 화학적으로 증명되었다. 특히 밀가루보다 밀기울에 더 풍부해서, 어느 훌륭한 화학자는 1849년에 밀기울을 더 이상 가축의 먹이로만 먹이지 말고 밀가루와 섞어 인간을 위한 음식으로 활용하자고 진지하게 제안하면서 엄청난 화제를 불러일으켰다. 그는 밀기울을 섞은 음식이 대단히 큰 도움이 된다는 것을 면밀하게 계산하고 반박할 여지없이 증명했다.

비록 그의 연구와 계산은 정확한 것이었지만 잘못된 제안이란 것이 증명되었다. 화학자의 입장에서 그의 제안은 옳았지만 인간의 위는 그 근면한 화학자만큼 충분한 시간과 인내력을 갖추지 못하고 있다.

밀기울이 혈액이 활용할 수 있는 요소들을 풍부하게 함유하고 있음에도 불구하고, 우리의 소화기관이 밀기울을 혈액으로 '빠르고 쉽게' 변화시킬 수 있도록 준비되어 있지 않는 한 아무런 소용도 없는 것이다.

만약 밀기울이 우리 몸에서 소화되지 않는다면 가축에게 주는 것이 더 현명한 일이다. 가축들은 밀기울을 잘 소화시켜 살이 오르고 건강해지면서 우리에게 고기와 지방 그리고 우유로 돌려준다.

이처럼 우리가 지속적으로 관심을 갖고 지켜봐야 하는 또 다른 사실이 있다. 유사한 두 가지 식재료 중 우리 몸에 더 좋고 유익한 것은 소화가 되는 것이며, 다시 말해 쉽고 빠르게 혈액으로 변환되는 것이다.

그리고 잊어서는 안 되는 세 번째 사실은 다양한 음식을 먹는 것에는 무관심해도 된다고 믿는 사람이 없어야 한다는 점이다. 많은 연구를 통해 음식을 다양하게 먹는 것이 영양과 건강에 대단히 유익한 반면 한 가지 음식만 먹는 것은 해롭다는 것이 입증되어 있다.

결론적으로 우리는 매우 중요한 문제를 반드시 언급해야 한다. 즉, 맛이 중요한 부분을 차지하며, 양념을 잘해 골고루 먹는 것이 훌륭한 영양공급의 필수적인 부분이라는 것이다. 건강하고 맛있는 식사는 실제로 대단히 중요한 역할을 하며 일하는 사람들의 노동력에 더 많은 도움을 준다.

　이런 몇 가지 기준을 바탕으로 이제부터 식료품 자체에 대해 이야기
해보기로 하자.

제3장
커피

이제 다양한 식재료를 상세하게 알아보자. 끊임없이 자신의 까다로운 입맛을 만족시키려 드는 부자의 호사스러운 생활이나 무엇이든 먹어치울 수 있는 가난뱅이의 궁핍한 생활은 고려하지 않을 것이다. 평범한 가정에서 매일 먹는 '가정식'이라 불리는 음식을 살펴보기로 하자.

많은 사람들이 습관적으로 아침에 커피를 마신다.

커피의 특성은 무엇일까? 커피는 식료품일까? 단순히 갈증을 풀기 위한 음료일까? 몸을 따뜻하게 하려는 수단일까? 또는 향신료일까, 약물일까? 혹시 해가 되는 것은 아닐까?

과학이 아직 이러한 질문들에 대한 사실을 밝히지 않고 있는 것은 이상한 일이다.

커피는 화학적으로 분석되어 있으며, 특별한 성분인 카페인이 포함되어 있다고 밝혀졌다. 카페인은 질소를 풍부하게 함유하고 있다. 홍차에도 그와 동일한 질소를 함유하고 있는 테인(theine)*이라는 성분을 포함하고 있다는 것도 주목할 만한 일이다.

*'coffee'의 어원은 아랍어로 '힘'을 뜻하는 'caffa'이다. '카페인(caffeine)'은 커피(coffee)에서 유래한 용어로 1819년 독일의 화학자 프리드리히 룽게가 커피나무의 열매에서 추출한 결정물질이며 커피의 쓴맛을 좌우한다. 1827년 차(茶·tea)에서 추출된 테인(theine)과 구별했지만 1890년대에 화학식이 카페인과 같다는 사실이 밝혀지면서 카페인으로 통일됐다.

일부 나라들에서 홍차가 커피를 대체하면서 — 특히 러시아, 네덜란드, 영국 그리고 미국의 경우가 그렇다 — 위대한 천재 자연학자인 리비히(Justus von Liebig 1803~1873)는 식재료로서 홍차와 커피의 주요한 가치를 구성하는 요소는 질산이라는 결론에 도달하게 되었다. 리비히에 따르면 혈액은 근육과 살을 구성할 수 있는 질산을 필요로 하므로 커피는 식재료들 중에 포함되어야 한다.

훗날 이 견해는 공격을 받게 되었다. 비록 커피에 질산이 대단히 풍부하며, 질산이 근육 형성에 필요한 것은 사실이지만 커피를 즐기도록 자극하는 것은 절대 질산일 수 없다는 것이었다. 질산을 함유하고 있는 것은 커피나무의 열매인데 로스팅을 하는 과정에서 일부가 사라지고 커피를 갈면서 대부분이 소실되므로 우려낸 액체에 실제로 남아 있는 질산의 양은 지극히 적다는 것이다. 게다가 만약 우리가 오직 질산을 위해 커피를 즐긴다면 너무 비싼 가격을 치르고 있다는 것이었다.

미국에서는 매년 2억 5000만 파운드의 커피가 소비된다. 그 비용은 대략 2,500만 달러가 된다. 커피 자체가 아니라 우려낸 물이 소비되는 것이기 때문에 만약 커피 대신 상당량의 질산을 함유한 고기가 소비된다면, 이 돈으로 훨씬 더 많은 질산을 섭취할 수 있다는 것을 생각한다면 어마어마한 낭비인 셈이다.

그래서 과학계에서는 커피를 공격하는 학자들이 나타나고 있다. 그들은 경제적, 의학적 관점에서 단호하게 커피의 소비를 반대한다. 일부 학자들은 커피가 유독하다는 주장을 펼치기도 한다. 조벨(Zobel)이라는 과학자는 커피에 치명적인 독물들 중의 한 가지인 청산이 포함되어 있다는 것을 증명했다. 다행스럽게도 이 청산은 커피에 함유된 암모니아 성분이 해독제로 작용하여 효력을 잃게 된다.

이런 사실들에도 불구하고 우리가 커피를 매우 귀하게 평가하는 이유가 있다. 일부 질병에는 금지되어야 하며 과학이 아직 커피의 진정한 이점을 밝혀내지 못하고 있음에도 불구하고, 모든 국가에서 수천만의 사람들이 본능적으로 커피를 즐긴다는 사실은 커피의 활용이 해로운 것이 아니라 도움이 된다는 가장 훌륭한 증거일 것이다.

제4장
커피가 약이 될 수 있을까?

최근에 커피는 식료품이 아니라 어느 정도는 향신료나 약물의 일종으로 여겨지고 있다. 향신료인 이유는 다른 많은 향신료들처럼 위에서 더욱 많은 위액을 분비시키기 때문이다. 소화는 위의 양 측면에서 음식을 소화시키는 특성을 지닌 액체가 분비될 때만 이루어진다. 이것 때문에 소화를 촉진하기 위해 식사 후에 커피를 마시는 사람들도 있다. 밤에는 소화능력이 매우 약해지고— 그래서 소화하기 어려운 음식을 먹고 난 후에 잠들기 어렵다 — 위는 휴식을 취하며 활동을 하지 않기 때문에 아침에 마시는 한 잔의 커피는 위벽을 새롭게 자극하여 활동을 재개하도록 만든다.

커피를 마시기 전보다 마신 후에 더 많은 식욕을 느낀다는 것이 일반적인 관찰 결과이며, 향신료로서 커피의 중요성을 충분히 보여주는 것이다. 우리는 아주 당연하게도 커피에는 약용 작용도 있다고 생각하며, 우리의 정신과 신경의 활동을 위한 약물로 생각한다.

밤에 마신 커피는 피로감을 없애주며 진한 커피를 마시면 긴 시간 동안 잠을 잘 수 없다는 것은 잘 알려져 있다. 게다가 정신활동을 많이 하는 사람들은 커피를 마신 후에 기운이 돋는 신선한 자극을 받으며, 과로에 지쳤을 때 다시 힘을 내는 수단으로 활용한다. 이와 비슷한 이유로 커피는 대화를 활발하게 만들기도 한다.

나이 많은 부인들을 만났을 때, 조용히 앉아 퉁명스럽게 말하는 것을 보게 된다면 그리 놀랄 필요는 없다. 그들이 아직 커피를 마시지 않았기 때문이다. 하지만 잠시 후에 급하게 흐르는 시냇물처럼 대회가 활기차게 이루어진다면 커피의 강력한 영향 때문이라고 생각해도 된다. 혀뿐만이 아니라 표정과 손짓 등 몸과 마음 전체를 풀어주는 것이다.

비록 밤을 지나는 동안 정신은 휴식을 취했지만, 다른 어느 때보다 아침에는 약간의 졸음기를 느끼게 된다. 그래서 우리는 매일 아침 하루 일과를 준비하기 위해 한 잔의 커피를 마시는 것으로 신경계를 자극하고 싶어지는 것이다. 자연학자인 몰레슈호트(Moleschott)는 최근에 커피의 소비가 증가한 것은 정신적 활동이 더욱 많아진 것에 기인한다고 밝혔다. 과거에는 우리의 시대만큼 높은 정도의 정신활동이 필요하지 않았다는 것이다.

이제 커피를 마셔야 할 필요성을 충분히 설명했으며, 여기에서 말한 모든 것이 리비히의 견해에 따라 커피가 영양을 제공한다는 우리의 믿음에 조금도 영향을 끼치지 않는다는 것을 밝혀야 하겠다.

만약 풍부하게 커피를 공급받는다면 노인들이 아주 적은 음식만으로도 살아갈 수 있다는 것을 확인한 사람이라면 이것을 믿지 않을 수는 없을 것이다. 그들에게 고기의 형태로 커피에 함유된 질산을 섭취하도록 하는 것이 더 나을 것이라는 반론은 옳다. 하지만 이와는 반대로 고기가 한 잔의 커피처럼 모든 시간에 위에 좋을 것인지를 물어보아야만 한다.

분명 아침 일찍 고기를 먹을 수는 없을 것이다. 만약 음료로 즐기는 커피가 영양분을 제공하고 위를 튼튼하게 하며 동시에 우리의 정신을 자극한다면, 커피를 생존의 필수적인 수단으로 끌어올린 인간의 본능을 존중할 훌륭한 이유가 되는 셈이다. 그리고 과학에 의해 밝혀지기 전에 이미 커피의 이로운 영향을 발견했다는 것 역시 존중해야 할 것이다.

제5장
커피의 유익함과 해로움

커피는 신경계를 자극하는 특성이 있기 때문에 당연히 그 효과가 어느 정도는 해로운 경우도 많다. 특히 차분한 기질을 지닌 사람들에겐 커피가 필요하며, 그들은 커피 마시는 것을 좋아한다. 이와 비슷한 이유로 동양에서도 즐겨 찾는 음료가 되었으며 커피의 소비가 엄청나다. 하지만 흥분하는 기질의 사람들이 커피를 마시는 것은 해롭다. 그들은 아주 연하게 마시는 것이 좋다. 기운찬 어린이들에게 커피는 전혀 어울리지 않으며, 종종 그렇듯이 어린이들에게 커피를 마시게 하는 것은 대단히 잘못된 일이다.

반면에 신경의 활동이 점점 감소하여 자극제가 필요한 나이든 사람들에게는 자신들이 선택한 만큼 충분하게 마시는 것이 옳다. 형편이 좋지 않은 가정에서는 종종 커피와 함께 치커리*를 활용하는 관습이 있다.

*(독일과 프랑스에서는 건조한 치커리의 뿌리를 가루로 만들어 커피 대용의 음료로 이용하거나 커피의 첨가제로 사용한다. 유럽에서는 치커리 뿌리를 이뇨 · 강장 · 건위 및 피를 맑게 하는 민간 약으로 이용한다.)

138

적절한 양을 섭취한다면 해롭지는 않겠지만 커피의 대체품으로는 좋지 않으며, 섭취를 권장할 만한 이유가 전혀 없다. 우유와 설탕은 아주 좋은 첨가제인데 여기에는 훌륭한 이유가 있다. 우유와 설탕은 둘 다 식료품이다. 우유는 혈액과 동일한 구성요소들을 포함하고 있으며 설탕은 몸 속에서 지방으로 변한다. 지방은 특히 호흡 과정에서 인간에게는 반드시 필요한 것이다.

밤에는 음식을 전혀 먹지 않고 잠을 자기 때문에 땀으로 혈액이 손실되고, 호흡으로 지방이 손실되므로 아침에 보충해야 한다. 이 경우 커피에 첨가한 우유와 설탕은 매우 훌륭하다. 아침에 설탕을 가미한 우유나 밀크 커피를 어린이들에게 마시게 하는 것은 좋다. 어린이들이 그것을 좋아한다고 나무라서는 안된다. 자연은 매우 현명하게도 어린이들이 설탕을 좋아하도록 만들었다. 음식 흡수를 도와주고 성장을 촉진하기 위해 맥박은 더욱 빨라야 하고, 호흡은 더욱 강해야 하기 때문에 어린이에게는 설탕이 필요하다.

성인에게 설탕이 필요 없는 것은 아니지만, 성인에게 필요한 당분은 그들이 먹는 음식에 함유된 녹말로부터 형성된다. 이런 목적을 위해 소화기관이 튼튼하게 발달되어야 한다. 어린이들은 소화기관이 충분히 발달되어 있지 않으므로 당분을 만들기 위해선 녹말 대신 설탕을 제공해야 한다. 많은 질병들, 특히 주로 가난한 집의 어린이들에게 나타나는 구루병은 어린이에게 주로 빵과 감자를 먹게 한 결과로 나타난다. 빵과 감자에 녹말이 포함되어 있는 것은 맞지만 어린이들의 소화기관은 아직 그것을 지방으로 변환하기에는 너무 약해서 그 결과로 살이 빠지고 뼈가 무르게 자라 비뚤어지는 것이다.

하지만 소화촉진을 위해 식사 직후에 커피를 마시는 사람은 설탕이나 우유를 첨가하지 않는 것이 최선이다. 둘 다 소화를 전혀 도와주지 못하면서 배부른 위에 추가적인 부담이 되며, 커피가 위의 활동을 촉진하는 것보다 더 많이 방해하기 때문이다.

아침식사로는 정백 밀가루와 껍질째 빻은 밀가루를 섞어 만든 빵을 먹는 것이 대단히 좋다. 밀은 호밀에 비해 거의 두 배의 당분과 녹말을 함유하고 있으며, 소화도 더 잘된다. 아침에는 밤 동안에 잃어버린 것들을 최대한 빨리 대체하려는 것이 주된 임무이므로 위에 그런 음식을 제공하는 것이 영양섭취와 빠른 소화에 모두 중요한 문제이다.

제6장

아침식사

중노동을 하는 노동자들은 일을 시작하기 전에 커피와 밀빵으로 충분히 기운을 차릴 수 있다. 하지만 노동을 계속할 수 있으려면 더욱 실속 있는 아침식사가 필요하다. 커피와 빵으로는 잠을 자는 동안 손실된 것만을 보충해줄 수 있을 뿐이므로 유럽 대륙에서는 커피 또는 우유와 빵을 이른 아침에 먹고 9~10시 경에 좀 더 실속 있는 음식으로 일종의 점심을 먹었다.

일찍 일어나는 사람들에게 아침식사는 그 날의 가장 중요한 식사가 된다. 특히 이른 아침부터 고된 노동을 해야 하는 사람들에게는 소중한 아침 시간을 헛되이 보내지 말 것을 권하는 말이 있다.

'일찍 잠자리에 들고 일찍 일어나면 건강하고, 부유하고, 현명해진다.'

일상적으로 육체노동을 하는 사람에게 이른 아침식사는 특별한 매력이 있다. 그런 사람에게 더욱 중요한 것은 맛이 좋아야 한다는 것이다. 우리는 습관적으로 빵을 충분히 먹는다. 빵에는 녹말과 당분이 주된 성분이며 만약 잘 굽는다면 녹말의 일부는 당질이 되며 즉, 거의 당분으로 바뀐 것이므로 소화과정을 훨씬 더 촉진시킨다. 최근에 프랑스의 과학자들은 갓 구워낸 빵이 시간이 지나면서 나타내는 변화에 대한 훌륭한 논문들을 발표했다. 그들은 빵이 대략 하루 정도 숙성될 때 가장 영양이 많고 소화되기 쉽다는 것을 입증했다.

녹말을 함유하고 있는 모든 음식들이 그렇듯이 빵은 우리의 몸 속에서 부분적으로 시방으로 변한다. 하지만 이러한 지방의 형성은 약간의 기성품 지방과 함께 먹는다면 훨씬 더 잘 이루어지게 된다. 이런 목적으로 우리는 빵에 버터를 발라 먹는 것이며 어린이들에게는 특히 더 중요하다.

그 이유는 지방이 인간의 신체에서 눈에 띄는 역할을 담당하기 때문이다. 지방은 호흡과정을 지속시키는 역할을 한다. 빨아들인 산소는 우리 몸에서 지방을 분해하면서 물과 탄산을 형성한다. 물은 발한작용을 통해 증발하며 탄산은 다시 몸 밖으로 뱉어내게 된다. 그런데 우리 몸 속에 지방이 있다면, 이 발한작용과 날숨이 지방을 감소시키는 역할을 한다. 이렇게 지방을 활용하는 작용은 탄산과 땀을 만들어내는 과정에서 살이 소모되는 것을 막아준다. 만약 지방이 전혀 없다면 우리는 대단히 약해지게 된다.

말하자면, 우리 몸에서 살이 자본금이라면 지방은 여분의 자금인 셈이다. 살과는 달리 지방 자체가 우리를 강하게 만들지는 않는다. 하지만 지방이 없다면 발한작용과 호흡작용의 과정이 우리의 살을 공격하며, 충분하게 보강되어 있지 않다면 살은 급속히 사라지기 시작하며 동시에 우리의 체력은 점점 더 감소하기 시작한다.

그렇기 때문에 우리는 종종 뚱뚱한 사람들이 음식을 적게 먹고 마른 사람들이 많이 먹는 것을 보고 놀라게 되는 것이다. 마른 사람에게는 발한작용과 호흡작용에 의해 발생하는 소모를 감당할 지방이 없다. 호흡하고 땀을 흘리는 것에 따라 자신의 살을 소모하게 되므로 지속적으로 새로운 음식을 섭취해야만 하는 것이다. 반면에 뚱뚱한 사람은 자신의 자본금인 살과 혈액이 아닌 지방의 공급으로 살고 있는 것이다. 이것은 그가 여분의 자금을 소비하는 것으로, 이런 이유로 체력 소모가 아주 적은 것이다.

이런 전제로부터, 일을 하면서 호흡을 많이 하고 땀을 많이 흘리는 사람은 지방을 만들어내는 음식 외에도 약간의 기성품 지방을 첨가해 먹어야만 한다는 결론이 성립한다. 반면에 적게 호흡하고 땀을 덜 흘리는 사람은 그런 종류의 음식이 조금 필요할 것이다. 그래서 공기의 밀도가 더 높아서 산소를 더 많이 흡입하게 되고 날숨을 위한 지방을 더 많이 활용하게 되는 겨울에는 지방이 많은 음식을 더 많이 먹어야 하지만 여름에는 적게 먹어야 한다. 우리는 추운 나라의 음식은 아주 많은 지방을 함유하고 있어서 따뜻한 날씨에서는 병을 일으킨다는 것을 알고 있다.

건강한 노동자는 일하면서 땀을 많이 흘리며, 늘어난 활동의 결과로 조용히 책상에 앉아 일하는 사람보다 호흡을 더 많이 하므로 아침식사로 베이컨과 같은 지방을 먹어야 한다. 그렇게 해야 살과 혈액의 감소를 막을 수 있다. 그의 신체는 튼튼하고 강해질 것이며 위가 소비하는 것 이상으로 자신의 두 팔로 생계를 꾸려나갈 수 있게 될 것이다.

하지만 지방만이 음식의 수단이라고 믿는 사람은 없어야 한다. 그리고 무엇보다 버터와 같은 지방 식품이 지방을 만들어내는 식품보다 더 건강한 것이라고 착각하면 안된다. 동물에게 지방을 먹이로 주면서 관찰한 훌륭한 실험들이 있었다. 그 결과는 지방만을 섭취하는 것은 해로

우며 몸에 활용되지 않고 다시 없어진다는 것이었다. 그와는 달리 지방을 만들어내는 음식은 동물들의 살을 찌우는데 큰 도움이 되었다.

거위를 살찌게 만드는 과정을 지켜본 사람은 인간의 몸에서 지방이 형성되는 과정을 정확하게 이해하게 된다. 한줌의 밀가루 반죽을 거위의 입과 목구멍 속으로 억지로 집어넣는다. 살을 찌우는 기간 동안 거위는 일어서거나 걸어다닐 수도 없는 좁은 공간에 갇혀 있게 된다. 그래서 그 불쌍한 동물은 발한작용으로 발산시킬 수도 없게 된다. 호흡과정은 매우 어렵게 이루어진다. 그리고 숨을 적게 쉬기 때문에 지방은 탄산이나 물로 변환되지 않고 비정상적인 방법으로 몸 속에 축적된다. 결국 그 동물은 도축을 당하는 것으로만 그런 고통에서 풀려나게 된다.

우리는 거위의 지방이 사용되지 않고 몸 속에 남아 있는 밀가루 반죽의 녹말이 변형된 것일 뿐이라는 것을 알고 있다. 하지만 순수한 지방만을 거위에게 먹인다면 전혀 살이 찌지 않고 병에 걸리게 된다. 순수한 지방은 지방을 만들어내는 음식과 함께 섭취되어야만 한다. 이것의 원인은 오직 장의 일부분만이 지방을 분해할 수 있는 액을 분비한다는 것이다. 반면에 위 속의 위액은 지방을 전혀 분해하지 못하고 지방이 물에 있을 때처럼, 표면에 떠오르게 할 뿐이다.

이제 땀을 흘리고 호흡을 많이 하는 노동자는 반드시 아침식사로 약간의 베이컨을 먹어야 한다는 사실을 알게 되었다. 아주 많은 일을 해야 하는 날에만 그렇게 먹어야 하며, 또한 빵 없이 먹어서는 안된다.

제7장

술

아침식사를 하기 전에 '술을 한 잔' 마시는 것은 권장할 만한 일일까? 이것은 중요한 질문이므로 매우 명확하고 편견 없는 대답이 필요하다.

술은 식료품이 아니다. 아주 잠깐이라도 그렇게 생각했다면 설탕물보다 영양가가 없다는 것 정도는 알고 있어야 한다. 술이 사랑받는 음료가 된 것은 알코올을 함유하고 있기 때문인데, 이것은 발효된 설탕일 뿐이다. 알코올은 전분을 함유한 모든 식물로부터 만들어질 수 있으며 적절한 과정을 거치면 전분은 글루텐으로, 글루텐은 설탕으로, 설탕은 알코올로 변화시킬 수 있기 때문이다. 그러므로 알코올은 설탕 자체보다 더 많은 영양소를 인간의 몸에 전달하지만, 설탕에 없는 특성들을 지니고 있다. 그런 특성들이 인기를 누리게도 하지만 위험하게 만들기도 한다. 만약 적은 양만을 섭취한다면 알코올은 몸에 약처럼 작용하지만 많이 섭취하면 독처럼 작용한다. 그래서 매일 술을 비난하는 소리를 듣게 되는 것이다.

술을 대단히 위험하게 만드는 것은 비록 식료품은 아니지만 배고픈 사람에게는 가장 값싼 식사 대용품으로서 식욕을 충족시키는데 가장 빠른 효과를 보인다는 점이다. 이런 이유 때문에 술을 즐기는 것은, 일단 그 피해를 입게 된 불행한 사람에게는 가장 치명적이며 파괴적인 해악을 일으킬 수 있다.

술의 의학적인 특성을 알아보면, 술을 좋아하는 것이 자연스러운 일이라는 것을 확인할 수 있다. 술의 위험성을 보여주면서 무절제한 활용을 비난하는 사람들이 옳다는 것도 확인할 수 있다. 하지만 분명한 해로움에도 불구하고 완전히 배척하는 것은 좋은 결과를 얻지 못하는 어리석은 일이 될 것이라는 점도 확인하게 될 것이다.

아주 적은 양만을 섭취한다면 술은 위액의 양을 증가시키는 특성을 갖고 있다. 술은 위벽을 자극하여 음식을 분해하는 위액의 분비를 촉진시킨다. 아주 적은 양의 지방을 섭취해도 위 속의 음식물을 감싸게 되는 일이 종종 발생한다. 위액은 지방을 매우 어렵게 분해하므로 이 음식은 종종 소화되지 않은 채 위 속에 남아 있게 되며 영양분을 제대로 흡수하지 못하게 만든다. 그러므로 위가 위액을 많이 분비하도록 영향을 끼친다면 소화능력이 크게 향상된다. 이런 작용은 종종 향신료 — 예를 들어, 베이컨이나 햄 위에 뿌리는 후추 — 에 의해 이루어진다. 후추 자체가 음식물의 분해에 도움이 되는 것은 아니지만 침샘과 위를 자극하므로 소화를 담당하는 위액을 증가시키는 것이다.

만약 기름기가 많은 음식을 먹었다면 약간의 술로 똑같은 효과를 얻을 수 있다. 사실 지방을 분해할 수 있는 에테르를 포함하고 있기 때문에 향신료보다 더 바람직하기도 하다. 그래서 우리는 술을 일종의 약이라고 간주해온 것이다. 비록 모든 사람이 약을 먹지 않고 살도록 노력해야 하지만 그럼에도 비난해서는 안된다. 오히려 무분별하게 의존하는 습관을 버리도록 해야 하는 것이다. 너무 많은 지방식을 즐기는 것에 대해 반대하는 것은 옳지만 일단 너무 많이 먹었다면 의학적으로 소량의 술을 활용하는 것을 질책해야 할 이유는 전혀 없다. 알코올에는 사악한 영혼이 있다고 믿는 사람들도 언젠가는 지방식을 많이 먹고 난 후에 설탕 위에 몇 방울 떨어뜨려 먹는 어떤 특효약의 도움을 받았을 것이다. 하지만 그런 경우에 사용되는 대부분의 약들은 착향료와 알코올의 혼합물일 뿐이다. 만약 알코올이 사악한 영혼이라면 설탕에 뿌린다고 해서 천사로 변하지 않는다는 것은 분명하다.

술에는 매우 중요한 또 다른 효능이 있다.

술에 포함된 알코올은 즉시 혈액으로 전달된다. 이것을 통해 술은 뇌와 신경에 영향을 끼쳐 활동을 증가시키도록 자극한다. 또한 심장의 신경에 영향을 끼쳐 혈액순환을 활발하게 만들어 몸 전체에 한층 더 빠른 생명활동을 이끌어낸다.

성서에서는 '와인은 인간의 심장을 기쁘게 만든다'고 한다.

와인 자체는 알코올 화합물일 뿐이다. 와인에서 활력을 일으키는 성분은 술에 있는 것과 똑같은 것이다. 이것이 인간의 심장을 기쁘게 만든다. 우리의 생명활동을 늘어나게 한다는 것과 마찬가지의 의미이다. 피곤하고 육체적으로나 정신적으로 지친 사람들을 회복시키고 기운을 차릴 수 있게 해준다. 신체는 물론 정신도 더욱 활발하게 움직이도록 자극한다. 아주 적은 양만을 마셨을 때 술은 그와 똑같은 효과를 가져온다. 그러므로 소화에만 좋은 것이 아니라 기진맥진한 사람들의 치료책이기도 한 것이다.

하지만 자극제를 활용한 원기회복은 전혀 실질적인 이익이 되지는 않는다. 피로감이나 무력감을 느끼는 사람은 자연 자체로 가장 잘 회복된다. 인공적인 자극에는 더욱 큰 반작용이 수반된다. 그로 인해 인공적인 활력으로 얻게 된 것은 모두 다시 잃어버리게 된다. 하지만 인간의 삶속에서는 잃어버린 활력을 자연스럽게 복원하기 위한 시간이 전혀 없는경우가 자주 발생한다. 그래서 휴식도 없이 지체 없이 작업을 마쳐야 하는 것이 더 바람직한 경우들도 있다. 그런 경우에는 인공적인 자극제의활용을 쉽게 이해할 수 있다. 그럴 경우에 필요한 것이기 때문에 적절하게 활용하는 것을 비난해서는 안된다.

여행 중인 방랑자나 전쟁터에 있는 군인은 종종 한끼의 식사로 기운을 차리거나 편안한 휴식으로 활력을 되찾을 시간이나 기회도 없다. 여행이나 임무를 완수하는 것이 중요하므로 그들은 나중에 쉬게 된다. 때때로 평범한 노동자가 그와 똑같은 상황에 빠지기도 한다. 그럴 경우에약간의 브랜디는 매우 큰 역할을 한다. 활기찬 활동과 용기를 늘려주기때문에 비록 당연히 적은 양이지만 이런 이유로 많은 나라의 군대에서는 술을 활용하도록 허락한다.

이제 술의 의학적 활용에 대해 이야기했으니 술의 위험성에 대해 조금 더 자세히 살펴보기로 하자. 그리고 술이 많은 사람들에게 그처럼 큰유혹이 되며 그토록 자주 빠져들게 되는 이유를 설명하기로 하자.

아침식사 때 마시는 약간의 술은 활력을 증진시킨다. 맥박은 더욱 빠르게 뛰며, 정신은 각성되고 소화는 더 쉬워진다. 그리고 음식물이 혈액으로 변환되기 전에 우리는 활기찬 신체 활동과 움직임이 일어나는 것을 느끼게 된다. 술을 마시는 것은 식사 자체와 혈액으로 변환되는 사이의 긴 정지 기간을 메꿔준다. 기진맥진한 상태에서 식사를 한 사람은 혈액의 보충 없이 위의 요구를 충족시켜 준 것일 뿐이다. 혈액에 직접적인도움이 되기까지 종종 5~6시간이라는 오랜 시간이 걸리게 된다. 식사

후에 활력을 느끼지 못하고 나른해져 쉬고 싶어지는 것은 이것 때문이다. 그런데 식사 후에 쉴 수는 없지만 일을 계속해야만 하는 사람은 한 모금의 술을 마셔 기운을 북돋고 싶어진다. 그가 먹은 음식보다 이것이 더 빠르게 작용할 것이기 때문이다. 그 술은 그의 식사와 혈액으로 완전히 변환되는 사이의 긴 정지 기간을 채워준다.

이제 노동자들이 술을 마시는 것에 익숙해져 있는 이유가 더 이상 놀랍지 않을 것이다. 그들에게 건강을 유지하는데 유익한 지식을 전달하는 대신 우리는 줄곧 '악마와 지옥'을 생각하도록 해왔던 것이다. 자연에 대한 연구로 실수와 위험을 피하는 방법을 가르치는 대신 단순하게 미래에 받게 될 벌로 그들을 놀라게 하려고 노력해왔던 것이다.

술의 위험은 즉각적으로 나타나는 이로운 효과에 있으며, 술의 사악함은 나중에 나타난다. 실제로, 술은 약이다. 하지만 다른 모든 의학적 치료제가 그렇듯이 지속적으로 사용해야만 하는 상황에 빠져드는 사람의 몸 속에서는 유해한 것이 된다.

자신의 건강을 지키고 싶은 사람은 인공적인 수단으로 자연을 도우려고 해서는 안된다. 그런 사람은 점점 더 약해질 뿐이다. 예를 들어 설명해보자. 우유는 혈액의 모든 성분들을 함유하고 있지만 오직 우유만을 먹게 한다면 자연이 그 사람에게 고형식을 소화시키도록 제공한 장기들은 치명적인 병에 걸릴 정도로 약해지게 된다.

인간은 오직 자연이 자유롭게 기능을 수행할 때만 건강하며, 자연에 너무 많이 개입하면 스스로에게 해가 된다. 술의 활용도 이와 비슷해서 자연이 실제로 필요로 할 때만 가끔씩 자연을 바로잡는 것만이 옳다. 자연이 아무런 도움도 필요하지 않을 때 도우려는 사람은 대단히 큰 잘못을 하고 있는 것이며 스스로를 크게 해치게 된다. 불행하게도 후자의 경우가 가장 빈번하게 나타나며 폐해의 주된 원인이 된다.

브랜디가 소화를 촉진한다는 것을 한번 경험해본 사람은 자신의 위를 계속 도와주는 것이 좋다고 생각하지만 커다란 잘못을 저지르고 있는 것이다. 자신의 위가 오직 브랜디를 마시고 난 후에만 위액을 분비하는 습관을 갖도록 하여 위를 약하게 만들게 된다. 그로 인해 자연스러운 소화는 점점 불완전해지게 된다. 처음에는 의학적 치료제로 마셨던 술이 없어서는 안되는 필수품이 되고 모든 폐해기 잇따라 일어나게 되는 것이다.

제8장
하루 중 제일 중요한 식사

　이제 하루 중 제일 중요한 식사에 대해 알아보자. 여기에서도 가난한 사람이거나 부자를 기준으로 삼지는 않을 것이며, 새로운 활력을 얻기 위해 건강한 음식을 먹는 평범한 시민의 가정을 기준으로 삼을 것이다.

　하루의 중간에 중요한 식사를 하는 이유는 무엇일까?

　먹는 행위 역시 휴식을 필요로 하는 노동이라는 것 때문에 그렇다. 육체의 피로와 식욕은 끊임없이 보조를 맞추고 있으며, 몸에서 3~4시간의 간격으로 나타난다. 그렇다면 정오에는 오전의 노동으로 인한 피로를 풀기 위해 휴식을 취해야 하며, 이 휴식시간을 새로운 활력을 만들어내기 위한 식사시간으로 활용하는 것이 가장 좋다. 하루의 중간에 노동에서 벗어나 휴식을 취하면서 오후의 노동을 위한 준비를 하기 때문에 중요한 식사를 그 시간에 하는 것은 자연스럽다.

　우선 '음식은 왜 조리를 해야만 하는 것일까?'라는 궁금증이 일어난다. 자연이 우리에게 준 그대로 음식을 먹는 것이 더 자연스럽지 않을까? 인간은 왜 과일 외에는 날것을 거의 먹지 않는 것일까? 동물은 이런 모든 과정을 거치지 않고도 살 수 있는데 인간은 왜 가루로 빻고, 굽고, 끓이고, 튀기는 등의 노력을 해야 하는 것일까? 게다가 이 세상의 다른 어떤 동물도 그렇지 않은데 인간이 먹고 마시는 일에 이토록 까다로운 것은 어디에서 비롯된 것일까? 오직 고기만 먹는 동물들도 있고, 식물만 먹고 사는 동물들도 있지 않은가? 그렇다면 인간은 왜 고기와 채소가 혼합된 음식을 먹어야 하는 것일까?

이런 모든 질문에는 오직 한 가지 대답만이 있다.

자연 스스로가 그것을 인간에게 가르쳐준 것이다. 그리고 인류의 타고난 선생이라 할 경험은 자연이 자신에게 바라는 것을 가장 잘 해낼 수 있는 방법을 가르쳐주었다.

인간의 위는 가공하지 않은 음식을 거의 소화시키지 못한다. 완두콩의 영양분이 있는 부분이 '껍질'로 싸여 있는 것처럼, 모든 자연식품에는 영양분이 있는 고유한 성분이 '세포'라 불리는 껍질에 둘러싸여 있다. 예를 들어, 감자의 영양성분인 녹말은 인간의 위에서 소화될 수 없는 수백만 개의 작은 세포들에 둘러싸여 있다. 육안으로는 보이지 않는 이 세포들은 현미경으로 확대해 보면 분명하게 볼 수 있다.

만약 감자를 날것으로 먹게 되면 이 세포들은 그 안의 영양성분과 함께 변화되지 않은 채 몸 속에 남아 있게 된다. 하지만 감자를 삶거나 튀기거나 굽게 되면 열에 의해 팽창된 이 세포들이 터지면서 녹말이 자유로워진다. 동물들에게는 가장 단단한 세포들도 분해할 정도로 강한 소화기관이 있지만 —예를 들어, 비둘기는 완두콩을 통째로 삼켜 소화시킬 수 있다 — 그렇지 못한 인간에게는 음식을 인공적으로 준비할 수 있는 재능이 있다.

이빨로 음식을 분쇄하는 행위는 식물을 먹고 사는 동물에겐 세포를 잘게 부수는 행위이므로 요리는 그런 행위만큼이나 인간에겐 자연스러운 것이다. 이빨이 없는 동물들, 예를 들어 새들은 소화 능력이 엄청나게 강하다. 완두콩을 분쇄할 튼튼한 이가 있는 소가 비둘기처럼 통째로 삼키는 것이 부자연스러운 일인 것처럼, 요리할 수단을 갖고 있는 인간이 완두콩을 날것인 채로 삼키는 것은 부자연스러운 일이다.

우리가 종종 '기술'이라 부르는 것은 사실 인간에게는 '자연스러운' 것이다. 정신적인 재능이 인간에겐 자연스러운 것이기 때문이다. 그러므로 요리 기술을 실천하는 것은 지극히 자연스러운 행위인 것이다.

제9장
다양한 음식의 필요성

　인간이 음식에 공을 들이고 다양한 음식을 먹는 것을 단순히 식성이 까다로워 그런 것이라고 믿어서는 안 된다.

　인간의 몸은 그가 먹었던 음식이 변형된 것이다. 인간이 빵과 물로 오랫동안 살 수 있다는 것은 옳지만 인간의 욕구는 무척이나 다양해서 수많은 특성을 나타내고 있다. 인간의 성격, 충동과 열정, 소원과 욕망, 사고와 노동은 끊임없이 변형되고 수많은 변화에 노출되어 있어서 이런 모든 요소들을 담고 있는 인간의 몸은 가장 다양한 종류의 물질들로 구성되어 있다.

　항상 똑같은 음식을 먹는 동물들은 보다 풍부하고 다양한 음식을 먹는 동물에 비해 정신적인 능력이 훨씬 더 열등하다는 것은 일반적인 관찰의 결과이다. 또한 어떤 동물의 특성은 음식에 의해 완전히 변화될 수 있다는 것이 입증되었다.

　박물학자인 몰레스포트(Moleschott)는 자신의 훌륭한 논문인 〈우리들의 식재료〉를 이렇게 시작한다.

'음식은 야생고양이를 집고양이로 만들었다.'

그는 음식이 동물의 특성을 완전히 변화시킬 수 있으며, 동물의 몸까지 변화시킬 수 있다는 것을 증명했다. 만약 문명인이 야만인보다 지능이 더 뛰어난 고등한 존재라면 그것은 음식이 제공하는 자극에서 비롯된 것으로 최대한 다양한 음식을 먹는 것이 신체에 우월한 특성을 부여했기 때문이라는 것이다.

자연이 다양한 종류의 영양분을 섭취하도록 인간에게 영향을 끼쳤다는 것은 명확하다.

식물만을 먹거나 고기만을 먹는 동물들의 몸은 전혀 다르다. 초식성 동물의 이빨은 우리의 어금니처럼 널찍하고 끄트머리가 납작하다. 어금니는 채소를 으깨고 영양분을 담고 있는 세포들을 씹는 역할을 한다. 반면에 육식성 동물들은 고기를 잘게 찢기 위해 우리의 송곳니와 같은 뾰족한 이빨을 갖고 있다.

초식동물들은 위도 전혀 달라서 다양한 기능이 있는 여러 부분으로 구성되어 있다. 혈액을 함유하고 있는 동물성 음식처럼 채소로부터 혈액을 즉시 얻을 수 없기 때문이다. 초식성 동물들은 대부분 반추동물이다. 즉, 위의 첫 번째 부분을 통과한 음식은 다시 입으로 돌아와 두 번째로 분쇄된다. 이것을 '되새긴다'고 한다.

육식동물들은 이런 과정을 거치지 않는다. 또한 음식은 최종적으로 장에서 혈액으로 변환되기 때문에 초식동물들의 장은 길다. 식물성 음식은 혈액으로 변환되는데 더 많은 시간이 필요하기 때문이다. 똑같은 이유로 육식동물의 장은 짧다. 형성되어야 할 혈액이 이미 음식 내에 존재하기 때문이다.

인간의 앞니는 날카롭고 양쪽에 뾰족한 이가 있으며 그 뒤로 어금니가 있다. 인간의 위는 채소와 동물성 음식 모두를 소화시키기에 적합하며, 장은 그 두 가지를 모두 소화시켜 혈액으로 변환시킬 수 있도록 구성되어 있다.

이런 것들을 생각해보면 우리는 자연이 인간에게 음식을 끊임없이 변화시키고 다양한 음식을 먹도록 정해 놓았다는 것을 더 이상 의심할 이유는 없다. 또한 동물성 음식만을 먹는 동물은 사납고, 재빠르며, 교활하지만 식물성 음식을 먹는 동물은 온순하고, 끈기 있고, 느긋하다는 것을 생각해보면 음식이 동물의 본성에 커다란 영향을 끼친다는 것을 부정할 수 없으며, 인간에게 단일한 음식만을 먹도록 강요하는 것은 잘못이라는 것을 쉽사리 이해할 수 있을 것이다.

음식의 변화가 정신적으로나 육체적으로 전혀 다른 동물로 변화시킨다는 것을 알려주는 고양이의 경우가 이런 사실을 이해하는데 도움이 된다. 야생고양이의 장은 짧으며 먹이를 사냥해 먹는다. 집고양이는 장이 길며, 교활하고 약삭빠른 과거의 특징을 이따금씩 보여줄 뿐이다. 이런 사실로부터 다양한 음식이 육체적으로나 정신적으로 다양한 특성을 만들어낸다는 것을 알 수 있다.

제10장
고깃국

국과 고기 그리고 과일은 평범한 가정식의 대표적인 음식이다.

고깃국을 자세히 검토해보면, 우리는 그 선택이 너무나도 현명해서 인간은 과학이 밝혀내기 전에 이미 경험을 통해 조화로운 음식을 찾아냈다는 것을 알 수 있다.

인간의 세련된 솜씨는 여기에서 끝나지 않는다. 서로 부족한 것을 보완하도록 하는 방식으로 즉, 각각의 음식이 신체에 부족한 것을 제공하도록 했다는 것이다.

한끼 식사를 구성하는 주된 요리는 지방을 만드는 것과 살을 만드는 것으로 나뉘어져 있다. 모든 전분질의 식단은 몸에 지방을 공급하며, 모든 알부민 물질은 살을 찌게 한다. 또한 뼈, 머리카락, 손발톱 그리고 치아를 형성하는 소금도 필요하다.

인간은 과학자들이 이런 종류의 영양분이 필요하다는 것을 연구해 알아내기 전부터 이미 자연의 요구를 만족시킬 수 있는 요리재료들을 활용했다. 식재료의 올바른 선택뿐만이 아니라 요리를 하고 음식을 차려

내는 방식도 올바른 영양섭취에 매우 중요하다. 우리는 가정의 요리가 과학 연구를 위한 지침이 될 수 있다고 생각해야 한다.

훌륭한 고깃국을 만들기 위해 무엇보다 먼저 소고기를 선택하는 이유는 지방은 적고 알부민과 동물성 섬유를 풍부하게 함유하고 있기 때문이다. 그래서 소고기를 활용한 고깃국은 줄곧 건강하고 활력을 제공하는 음식이 된다.

너 나아가 고기는 요리를 통해 소화능률이 크게 촉진되는 것은 물론 더 많은 영양을 공급하게 된다. 요리의 가장 중요한 임무들 중의 한 가지는 소화를 촉진시키는데 있다. 다른 말로 하자면, 위의 노동시간을 줄여주는 것이다.

날것인 상태의 살코기는 아교질의 세포들 속에 영양분이 갇혀 있다. 그것을 끓이면 젤라틴은 부드러워지면서 물과 섞인다. 그래서 고깃국은 점착성을 갖게 되고 식히면 젤리처럼 걸쭉해진다. 이 물질은 영양분이 매우 높다. 종종 뼈와 연골로부터 얻어지며 '맑은 고기 스프'라는 이름으로 판매되는 이것은 물속에 넣고 끓이면 대단히 훌륭한 국이 된다.

모든 요리의 첫 번째 목표는 세포조직을 녹이는 것이다. 이런 식으로 요리하기 전에는 살을 찌게 하는 진정한 영양소를 얻지 못하며, 조리과정을 거친 후에야 비로소 위에 쉽게 흡수되고 혈액으로 변화될 준비를 마치는 것이다.

물이 끓는점에 도달하기 전에 알부민은 고기의 표면에서 분리되어 물과 섞이게 되면서 고깃국에 영양분을 제공한다. 그 후에 물이 계속 끓게 되면 이 알부민은 농축된다. 고깃국은 마치 계란의 흰자처럼 서서히 흰색으로 변하면서 고기의 내부로부터 점점 더 많은 알부민이 고깃국 속으로 지속적으로 빠져나오며 점점 더 진해진다.

또한 끓는 동안 고기의 지방이 녹으면서 그 안의 염분도 고깃국에 용해되고 상당량의 영양분이 고깃국 속으로 들어간다. 많은 영양분이 빠져나가지만 고기에는 여전히 영양분이 풍부하게 남아 있으며 이제 씹기도 더 쉬워지고 소화하기도 쉬워진다. 간을 맞추기 위해 소금을 넣으면 고기는 구성 성분의 일부를 물속으로 내보내면서 그만큼의 소금을 흡수하게 된다.

그래서 고기는 더 맛있어지고 소화되기 쉬워질 뿐만 아니라 영양분도 더 많아지게 된다. 영양소로서 소금의 중요성이 인정된 것은 얼마 되지 않았다. 혈액과 연골은 물론 세포조직의 형성과 유지를 위해 염분이 필요하다. 그래서 농부들은 가축의 활력과 전반적인 건강 증진을 위해 시시때때로 소금을 먹이는 것이다.

이제 독자들은 국물이 연할수록 고기 맛이 강한 이유를 쉽게 이해할 수 있을 것이다. 종종 우리는 훌륭한 국물보다 맛있는 고기를 더 좋아한다. 그런 경우에는 차가운 물이 아닌 끓는 물에 고기를 넣어 조리해야 한다. 끓는 물에 고기를 넣으면 외부의 단백질은 응고되며 마치 단단한 껍질처럼 전체를 둘러싸게 되면서 안쪽의 영양분이 빠져나가지 못하게 하기 때문이다.

하지만 고기보다 좋은 국물로 식사를 시작하는 것이 더 현명하고 더 중요하다. 오전 내내 노동을 한 사람은 처음에는 위를 너무 지나치게 일하도록 만들지 않는 음식이 필요하며 국물이 그런 음식이다. 모두 이것을 명심하도록 하자.

제11장
국에 넣기에 가장 좋은 재료는 무엇일까?

이 질문에 대한 대답은 '전분질이 있는 것'이며, 이보다 더 나은 대답은 없다고 할 수도 있다.

국물은 글루텐과 알부민을 포함하고 있으며 둘 다 몸속에서 살로 변한다. 우리 몸의 동물성 부분뿐만 아니라 주로 활동적인 노동하는 부분은 부분적으로 지방으로 변환될 수 있는 영양소를 필요로 한다. 노동에서 피할 수 없는 호흡과 땀은 우리 몸에서 지방에 의해 유지된다. 이것은 뚱뚱한 사람들이 왜 다른 사람들보다 더 많은 땀을 흘리는지, 왜 마른 사람들보다 더 숨을 빨리 헐떡이는지, 왜 여성들이 남성들보다 더 살이 찌기 쉽고 땀을 더 많이 흘리는지, 그리고 많이 뛰어다니기 때문에 더 많은 호흡과 땀이 필요한 어린이들이 일반적으로 고기보다 빵을 더 선호하는 이유를 설명해준다.

앞서 언급했듯이 근육섬유를 만들어내는데 사용되는 성분만을 함유하고 있는 고깃국은 지방의 형성을 촉진하는 전분질의 재료들과 잘 어울린다. 밀가루, 귀리, 보리, 쌀 또는 감자나 그 밖의 어떤 재료도 전분을 함유하고 있다면 이런 목적을 위해 선택하는 것은 아무런 문제도 안 된다. 전분은 끓여도 당질이 되고, 몸속에서 젖산으로 변하고 나서 최종 적으로 지방이 되기 때문이다.

전분을 많이 함유하고 있는 재료를 활용하는 것이 권장할 만할 일이 다. 예를 들어, 쌀에는 전분이 풍부하다. 아마도 이것은 활기 넘치는 어린이들이 쌀을 매우 좋아한다는 사실을 설명해주는 것일 수도 있다. 100파운드의 쌀에는 전분 85파운드가 포함되어 있다. 반면에 100파운드의 밀에는 약 74파운드만이 함유되어 있다. 다양한 종류의 곡분과 보리는 쌀의 약 반 정도의 전분을 포함하고 있다. 감자는 이보다 더 빈약해서 5파운드의 감자는 쌀 1파운드보다 적은 전분을 만들어낸다.

하지만 국 재료의 유용성이 언제나 영양 함유량만이 아니라 얼마나 조리하기 쉬운가에 따라 달라지곤 한다. 그래서 우리는 쌀을 국 자체에 넣고 끓이지는 않는다. 쌀은 그 세포들이 적절하게 풀어지도록 먼저 물속에서 끓여야 한다. 약 30분 정도가 소용되며 당연히 불 위에 올려놓을 장소가 필요하므로 더 많은 연료가 필요하게 된다. 반면에 곡분이나 정맥의 세포는 이미 제분에 의해 분쇄되어 있으므로 시간의 손실 없이 국에 넣어 끓일 수 있다.

제12장
콩과의 채소

국에 넣는 채소의 경우 영양분이 많다고 할 수는 없으며 일종의 향신료에 가깝다. 어쩌면 그것들이 부분적으로 갖고 있는 일정한 약용 특성을 활용하기 위해 넣는 것이다. 이 문제를 길게 논의하지는 않겠지만, 우리가 활용하는 가장 영양가 있는 식재료 즉 콩과의 채소들에 대해서는 더 이야기해보자.

완두콩, 강낭콩 그리고 렌틸콩은 근육을 형성하는 요소인 지방이 매우 풍부해서 이런 점에서 빵을 능가하며 거의 고기와 같은 수준이다. 무척 싸다는 사실을 고려해볼 때, 만약 잘 조리된다면 대단히 훌륭한 식재료가 된다. 매일 고기를 먹을 수 없는 사람들이 콩과의 식물은 어렵지 않게 구할 수 있으며, 특히 병영과 형무소에서 중요한 역할을 한다.

세 가지 모두 공통적인 요소는 레구민이다. 빵보다 전분이 더 많으며 감자보다 거의 세 배는 더 많이 함유하고 있다. 콩과의 식물은 부분적으로 당분도 함유하고 있다. 이것은 녹색 완두콩에서 맛볼 수 있다. 이것 외에도 수분의 양은 적은 반면에 그것들의 살을 형성하는 부분은 다

162

른 식물들보다 훨씬 더 양이 많아서, 마른 상태로 섭취하는 것은 권장하지 않는다. 더 나아가 완두콩과 강낭콩은 껍데기와 꼬투리를 함께 먹을 수 있으며 아직 익지 않았을 때에도 마찬가지로 당분과 전분을 함유하고 있다는 장점이 있다.

하지만 무엇보다 말린 콩과식물의 껍질은 먹으면 안된다. 끓일 때 요리사가 그것들을 거친 체로 부수고 걸러내지 않는다면 껍데기들이 남아 있게 된다. 걸러내지 않으면 몸의 기능을 교란시키는 위험에 빠지게 된다. 이 마른 껍데기는 입의 타액이나 위의 위액으로도 분해되지 않기 때문이다.

콩과 식물의 또 다른 큰 장점이라면, 인을 함유하고 있다는 것이다. 인은 뼈와 뇌의 형성과 유지에 필요한 원소이므로 몸과 정신에 모두 좋다고 할 수 있다.

제13장
고기와 채소

일반적인 종류의 채소들에는 영양소가 매우 적다. 양배추를 비롯한 다양한 채소의 무게에서 수분이 거의 90%를 차지한다. 그래서 식물성 알부민, 글루텐, 식물성 지방, 전분과 당분 등의 고유한 영양소는 매우 적다. 무와 같은 채소만이 충분한 당분을 함유하고 있어 어린이와 회복기 환자에게 적합하다. 요컨대, 영양소만을 고려한다면 일반적인 채소를 즐기는 것은 사치품일 수밖에 없다.

하지만 고기와 함께 먹을 경우, 채소는 인간에게 대단히 이로운 성분들을 제공한다. 채소에는 유기산이 함유되어 있으며 ― 유기산 때문에 사랑받는 과일처럼 ― 고기의 녹기 쉬운 알부민을 용해 상태로 보존하는 특성이 있다. 채소는 소화기관의 부담을 많이 줄여주며 고기가 유미즙으로 전환되는 것을 촉진시킨다. 그래서 식사 후에 상큼한 과일이나 다양한 종류의 조리된 과일을 먹는 것이다. 채소들은 그와 비슷한 용도로 먹게 되며 그러므로 고기와 함께 먹는 것이 건강에 좋다.

그렇듯이 왜 고기를 먹기 '전에' 채소를 먹고 고기를 먹은 '후에' 과일을 먹는 것일까?

여기에서도 인간의 현명한 본능이 발휘되는 것이다. 과일은 이미 만들어진 유기산을 포함하고 있어서 몸에 매우 이로우며 위에 흡수시키기만 하면 된다. 그러므로 고기를 먹은 후에는 과일을 먹어 함께 소화되도록 하는 것이 좋다. 하지만 채소의 유기산은 위의 소화과정에서만 만들어진다. 그래서 고기를 먹기 전에 채소를 먹는다면 유기산이 고기의 소화를 촉진하지만 고기를 먹은 후에는 도움이 되지 않는다.

채소의 또 다른 장점은 몸의 건강을 위해 필요한 무기염(無機鹽)이 풍부하다는 것이다. 다양한 종류의 채소에는 먹을 수 있을 것이라고는 믿기 어려운 금속과 금속화합물에 속하는 염소, 철분, 포타슘 등의 성분이 있다. 이것들은 우리 몸에서 중요한 역할을 한다. 그러므로 현명한 의사라면 약보다 좋은 채소를 더 자주 처방한다.

그 의사가 약국보다 시장에 더 자주 가도록 권한다면 그에게 고마워해야 한다. 실제로 오직 자연만이 준비하는 법을 알고 있는 그런 유기적인 처방에 의해 성공적으로 치유된 질병들이 많이 있다.

예를 들어, 시금치는 어린이와 매우 창백한 외모의 어린 소녀들에게 대단히 유익하다. 그들의 위황병(萎黃病 철 결핍성 빈혈)은 혈액 속에 철분이 부족하기 때문이다. 비록 모든 의사들이 철분을 함유한 약을 처방할 수는 있지만, 그런 인공적인 무기물을 처방한 효과는 종종 매우 의심스럽다. 반면에 시금치는 철분을 함유하고 있으므로 더 나은 유기물 처방이며 훌륭한 음식이 되기도 한다.

고기를 많이 먹을 필요는 없다. 하루에 약 170~230g은 성인에게 충분한 양이 된다. 고기와 채소는 서로 부족한 것을 보충한다. 고기에는 수분이 부족하고 채소에는 수분이 풍부하다. 채소에는 고기에 풍부하게 있는 알부민이 부족하다. 이런 안성맞춤인 조건이 신체의 보호에 필수적인 성분들의 혼합물을 형성하는데 유리하다.

지금까지 살펴보았듯이 가정식은 인간의 타고난 본능과 예민한 감각으로 오랜 시간의 실천을 통해 과학 자체보다 더 훌륭하고 더 실용적인 형태로 진화해온 것이다.

제14장
식사 후에 잠깐 자는 잠

"식사 후에는 휴식을 취하거나 1000걸음을 걸어야 한다."는 속담이 있다.

앞에서 음식을 먹는 일과 소화는 노동이라고 했다. 많은 사람들에게 이것은 즐거운 노동이 될 것이며, 또 어떤 사람들에게는 그저 생명을 유지하기 위한 노동이 되기도 한다. 하지만 분명한 것은 모든 사람들에게 도움이 되는 노동이라는 것이다. 차분한 그 과정 동안 즐거움을 느낄 수 있어야 한다는 것이 중요하다. 밥벌이를 하기 위해 음식을 먹을 시간이 충분하지 않거나, 일하거나 바삐 움직이면서 식사를 해야만 하는 사람들은 사실 자신이 얻고 있다고 생각하는 것보다 더 많은 것을 잃고 있는 것이다.

신체 외부의 활동은 내부의 활동을 심각하게 방해한다. 신체 표면의 땀은 소화에 꼭 필요한 입속의 타액마저 감소시킬 정도로 신체 내부로부터 수분을 빼앗아간다. 극도로 피곤할 때 마른 빵 한 조각이 목에 걸려 넘어가지 않는 느낌처럼 입속이 마르는 것을 경험했을 것이다. 타액이 그렇듯이 그 밖의 소화액들도 조금이라도 부족하게 되면 우리가 먹은 음식은 위 속에 돌처럼 머물러 있을 것이다.

그러므로 식사 전에 짧은 휴식을 취하는 것이 좋으며, 식사 중에는 어떤 식의 노동이라도 해서는 안된다. 특히 식사 직후에는 운동을 해서는 안된다. 식사는 내부적인 노동이므로 외부적인 노동을 함께 하는 것은 피해야 한다.

독자들은 이미 알고 있겠지만 아주 무더운 여름일지라도 식사 후에는 땀이 줄어든다. 이것은 소화기관이 일을 하고 있을 때 외부의 기관들은 휴식을 취해야만 한다는 것을 모든 사람들에게 확인시켜준다. 다시 한 번 말하자면, 식사 전후로 우리에겐 휴식이 필요하며, 노동을 피하고 나른한 반수면 상태로 머무는 것이 바로 휴식이다.

하지만 식사 후에 잠을 잔다면 30분 정도가 충분하며, 그 이상을 자면 오히려 더 피곤해진다.

소화과정은 위액을 통해 음식이 분해되면서 화학적으로 적절하게 실행되기 때문이다. 이 과정은 위의 움직임에 의해 크게 촉진되며, 위는 음식을 한쪽에서 다른 쪽으로 흔들면서 버무리고, 완전히 뒤섞어 최종적으로 커다란 공 모양을 만들면서 다양한 성분들을 융합시킨다. 이 과정에서는 휴식을 취하는 것이 필요하며, 잠을 자도 편안하고 바람직하다. 그러나 소화과정을 계속 진행시키기 위해선 잠을 자는 동안에는 없는 에너지가 필요하게 된다. 그래서 에너지의 부족이 적정 시간 이상의 잠을 불편하게 만들고 소화를 불완전하게 만든다.

불완전한 소화는 배가 부른 상태로 잠자리에 들어간 모든 사람들이 느껴 보았을 것이다. 처음 한 시간 동안은 별다른 불편함을 느끼지 못한다. 휴식이 소화의 첫 번째 단계에서는 바람직하기 때문이다. 하지만 그

후에는 잠이 매우 불편해진다. 소화도 잘 되지 않으면서 피로와 거북함을 느끼고 다음날 아침에 일어났을 때는 두통과 소화불량을 겪기도 한다.

앞에서 살펴보았듯이 우리는 이렇게 결론을 내릴 수 있다. 식사 후의 짧은 잠은 좋은 건강을 유도한다. 반면에 너무 오래 자게 되면 정반대의 효과를 일으킨다. 현기증이나 입속에서 나는 악취는 지나치게 오래 잤다는 분명한 신호이므로 신선한 물 한 잔으로 신체의 기능을 활성화시켜야 한다. 몸이 너무 무겁다고 느껴진다면 아주 차가운 물로 씻는 것이 좋다. 다른 무엇보다 소화를 위한 활동이 필요한 순간이기 때문이다. 위의 증상들은 일종의 징조이며 자연의 소환장으로 생각해야 한다. 자연은 이렇게 말하고 있는 것이다.

"음식을 먹었다면 휴식을 취해야 한다. 그 후에는 노동을 하라. 지금이 그때다."

모두 자연의 부름에 따른다면 병은 줄어들 것이다.

제15장
물

오전 동안에는 음식에 대한 욕구가 느껴지는 반면에 오후에는 갈증을 느끼는 경우가 많다. 그럴 경우, 가장 좋고 가장 자연스러운 음료는 언제나 물이어야 한다.

정확하게 말하자면, 만약 식품을 오직 동물성과 식물성 물질로만 이해한다면 물은 식품이 아니다. 물은 유기물이 아니며 단순한 화학 작용제일 뿐이다. 하지만 인간은 물을 전혀 마시지 않는다면 죽게 된다. 그래서 비록 식욕을 충족시켜주지는 못하지만 인간에게 물은 꼭 필요하다. 물은 몸 속에서 음식을 용해시키는 역할을 하며, 혈액은 음식으로부터 공급받는 것보다 훨씬 더 많은 양의 물을 함유하고 있어야 한다.

물 없이는 소화도 영양공급도 있을 수 없으며, 혈액의 생성도, 분비도 없다. 더 나아가 인간의 신체기관에서 가장 활동적인 뇌와 근육이 많은 물을 함유하고 있다는 것은 주목할 만한 일이다. 그러므로 비록 물이 아무런 영양소를 함유하고 있지 않다는 것을 안다 해도 영양물이라고 불러야 한다. 무엇보다 인간은 물이 없는 것보다는 음식 없이 더 오래 살 수 있다는 것을 잘 알고 있기 때문이다.

물은 우리 몸에서 중요한 역할을 하면, 세 가지 방식으로 활용된다.

첫 번째는 물의 성분인 수소와 산소가 음식과 결합하여 소화를 실행하는 것이다. 우리가 먹는 곡물가루와 식물성 음식에 있는 전분은 물 없이는 당분으로 변환될 수 없다. 당분은 지방으로 변환되는데, 물이 우리에게 지방을 만들어준다는 것이 이상하게 보이기는 하지만, 물을 전혀 마시지 않는다면 지방도 만들어낼 수 없다.

두 번째는 우리 몸에 필요한 모든 체액을 보존하는 것이다. 이것 역시 물에 의해 수행된다. 몸에서 분비되어 손실되는 것은 물에 의해 보충된다. 우리는 호흡과 땀 그리고 소변에 의해 끊임없이 물을 잃어버리게된다. 그러므로 우리는 지속적으로 새로운 물을 마셔야 한다. 땀을 많이흘리고 호흡을 많이 하는 노동자나 도보 여행자들은 많은 양의 물을 마셔야 한다.

세 번째는 인간의 몸을 유지하기 위해 필요한 소금을 비롯한 성분들을 충분히 제공하는 것이다. 그러므로 정제된 물보다 샘물을 마시는 것이 더 좋다. 정제된 물은 우리의 건강에 매우 이로운 광물과 미네랄 부분이 모두 제거되어 있기 때문이다.

물의 뛰어난 특징 중의 한 가지는 지나치게 많은 물을 마실 수는 없다는 것이다. 만약 잠시 동안만이라도 위에 있으면 물은 즉시 흡수되어 혈액 속으로 들어간다. 물이 위에 즉시 흡수되지 않는 단 한 가지 경우는혈액보다 무거운 소금을 함유하고 있을 때이다. 이것은 장관(腸管) 속으로 들어가 여기에서 널리 알려진 약용 효과 — 부분적으로는 액체로서, 부분적으로는 장의 신경을 자극하는 염분에 의해 — 를 나타낸다. 특히 복부 질병의 병증에 적용하는 많은 수치 요법(水治療法)들은 비슷한 효과를 보인다.

혈액으로 즉시 전달되는 일반적인 물은 땀과 호흡 그리고 소변의 분비를 촉진시킨다. 이것은 수치요법의 이로운 효과들을 만들어내며 한 잔의 물이 종종 한 병의 약보다 더 나은 결과를 만들어낸다.

제16장
저녁식사

하루의 일과가 끝난 후의 저녁 시간보다 더 편안한 시간은 없을 것이다. 고요함이 있으며 영혼과 육체를 매혹시키는 마음의 평화가 있다.

위에 과중한 부담을 주는 것으로 이 편안한 휴식시간을 방해해서는 안된다. 우리는 노동을 통해 겪게 된 손실을 보충하려는 목적으로만 음식을 먹는다. 잃어버린 활력을 충전하는데 필요한 음식 즉, 우리의 노동을 지속할 충분한 활력을 제공하는 것 이상의 음식을 먹어서는 안된다. 하루의 노동을 마치게 되면 해야 할 일이 많지 않으므로 많은 음식을 먹을 필요는 없다.

잠을 자고 있는 사람이 숨을 길게 쉬고 땀이 늘어나는 것을 보면 그가 잠을 자면서 많은 산소와 수분을 빼앗기고 있으므로 잠자리에 들기 전에 음식을 많이 먹어야 한다고 생각할 수도 있지만 전혀 그렇지 않다. 잠자고 있는 사람의 호흡은 길고 깊지만 매우 느리다. 자는 동안 흘리는 땀은 수분의 손실을 크게 일으키지 않는다. 밤에는 창문을 닫고 이불을 덮기 때문에 수분을 발산시키는 외풍으로부터 잘 보호되기 때문이다. 잠을 자는 동안에는 낮보다 신체의 활력이 덜 필요하기도 하다. 이런 이유로 우리는 밤에는 허기를 느끼지 않으며 오랫동안 음식을 먹지 않아도 아침에 피곤하지 않은 것이다.

그러므로 저녁식사는 하루의 마지막 시간들을 위한 가벼운 식사가 되어야 한다.

휴식을 잘 취하고 싶다면 쉽게 소화시킬 수 있는 음식을 선택하고, 적어도 잠자리에 들기 2~3시간 전에 식사를 해야 한다.

건강한 사람들에게는 따뜻한 저녁식사가 아무런 도움이 되지 않는다. 따뜻하게 조리해서 먹는 식사는 오직 그 음식의 글루텐과 지방을 액체로 유지하기 위한 것일 뿐이다. 하지만 이런 종류의 음식은 저녁식사로는 적절하지 않다.

버터 바른 빵과 한 잔의 맥주에 만족하지 못하는 사람은 치즈 한 조각을 더 먹으면 된다. 하지만 유지방을 제거한 치즈여야 한다. 일반적인 치즈는 지방을 함유하고 있기 때문에 밤에 먹기에는 부담이 된다. 유지방이 없는 치즈는 연성이든 경성이든 쉽게 소화가 된다.

하지만 이런저런 이유로 보다 든든한 저녁을 먹어야 한다면 반숙 달걀을 먹는 것이 좋다. 달걀의 영양성분은 고기와 비슷하다. 달걀은 고기의 모든 장점들을 갖추고 있으며, 오히려 고기에서 가장 자양분이 많은 부분은 흰자 또는 우리가 '알부민'이라 부르는 것일 뿐이다.

완전히 익힌 것은 소화시키기 어렵기 때문에 반숙이 좋다. 물을 먼저 끓이고 나중에 계란을 넣어 삶아 먹는 것이 가장 좋다. 끓는 물은 계란의 외부를 아주 빠르게 굳히면서 두꺼운 껍데기를 형성하므로 끓는 물의 열이 더 안쪽으로 전달되는 것을 막아주기 때문이다.

174

저녁에 차를 즐겨 마시는 사람들이 있다. 차는 식용품은 아니지만 커피의 특성을 갖고 있다. 차는 혈액을 따뜻하게 하고 심장의 활동을 증가시키며 어느 정도 정신을 맑게 한다. 회사나 파티에서 지루함과 졸음을 막는 좋은 처방이 된다.